高等院校艺术设计类专业系列教材

After Effects
2022

影视后期特效
制作案例教程

（全视频微课版）

周玉山　刘慧敏　编著

清华大学出版社
北　京

内 容 简 介

本书通过50个经典案例，循序渐进地讲解After Effects软件的操作方法，以及影视特效合成的各种技巧。全书共分为8章，内容包含基础知识、运动特效与抠像、文本动画应用、七彩光线飞舞、音频特效、色彩空间与粒子光、雨雾气体大爆炸和综合案例。书中采用案例教程的编写形式，兼具技术手册和应用技巧参考手册的特点，在具体应用中体现软件的功能和知识点。

本书提供所有案例的素材文件、源文件、教学视频，以及PPT教学课件、教案和教学大纲等立体化教学资源，并附赠23集软件操作视频课程，帮助读者快速提升制作能力。

本书可作为高等院校影视动画、数字媒体艺术等专业的教材，也可作为影视特效合成相关从业人员和爱好者的参考用书。

图书在版编目(CIP)数据

After Effects 2022影视后期特效制作案例教程：全视频微课版 / 周玉山，刘慧敏编著. —北京：清华大学出版社，2023.9（2024.8重印）

高等院校艺术设计类专业系列教材

ISBN 978-7-302-64514-6

Ⅰ.①A… Ⅱ.①周…②刘… Ⅲ.①图像处理软件－高等学校－教材 Ⅳ.①TP391.413

中国国家版本馆CIP数据核字(2023)第166617号

责任编辑：李　磊
封面设计：杨　曦
版式设计：思创景点
责任校对：成凤进
责任印制：杨　艳

出版发行：清华大学出版社
　　　　　网　　　址：https://www.tup.com.cn，https://www.wqxuetang.com
　　　　　地　　　址：北京清华大学学研大厦A座　　　　　邮　　编：100084
　　　　　社　总　机：010-83470000　　　　　邮　　购：010-62786544
　　　　　投稿与读者服务：010-62776969，c-service@tup.tsinghua.edu.cn
　　　　　质　量　反　馈：010-62772015，zhiliang@tup.tsinghua.edu.cn
印　装　者：三河市君旺印务有限公司
经　　销：全国新华书店
开　　本：185mm×260mm　　　印　　张：10　　　字　　数：268千字
版　　次：2023年11月第1版　　　印　　次：2024年8月第2次印刷
定　　价：59.80元

产品编号：096858-01

在数字经济飞速发展的今天，影视特效合成软件越来越多。After Effects是Adobe公司研发的目前世界上最优秀的影视特效制作软件之一。它功能强大，用户界面友好且制作效率极高，在影视、动画、游戏等诸多行业被广泛应用。

After Effects 2022相对于以往的CC版本有了很大的提升，特别是在影视特效、视频追踪、图钉绑定方面，在吸收了其他软件优势的基础上不断优化，同时集成了一些旧版本中需要单独安装的特效插件。

本书特点

党的二十大报告为我国坚定推进教育高质量发展指出了明确的方向。在此背景下，本书编写组以"加快推进教育现代化，建设教育强国，办好人民满意的教育"为目标，以"强化现代化建设人才支撑"为动力，以"为实现中华民族伟大复兴贡献教育力量"为指引，进行了满足新时代新需求的创新性编写尝试。

本书内容由浅入深，力求涵盖After Effects 2022软件的重要知识点，以案例的方式对软件的功能进行详细讲解，帮助读者快速掌握软件的操作方法。本书具有如下特点。

- **案例教学**。本书通过大量案例，系统地讲解软件操作的方法和影视特效合成的技巧，使读者增强学习兴趣，提高学习效率。
- **通俗易懂**。本书以简洁、精练的语言讲解软件的各项功能和实战案例，使读者阅读起来更加轻松，学习更加容易。
- **图文并茂**。本书以图片的形式展示制作步骤，并对图中的关键点进行标注。
- **实战性强**。本书通过8章、50个案例，系统地讲解了影视特效合成的方法，每个案例都是作者多年实战经验的总结。
- **技巧提示**。本书在知识的讲解中，会对一些内容进行扩充，或添加提示和总结，以方便读者更好地理解，掌握操作技巧。
- **资源丰富**。随书附赠所有案例的素材文件、源文件，以及长达360多分钟的教学视频，辅助读者学习，帮助读者快速提升制作能力。

本书内容

本书系统地讲解了影视特效合成的基础知识，文本动画、运动特效与抠像，以及其他各种特效的制作方法等内容。

第1章基础知识，讲解After Effects软件的基础操作，以理论+技能的方式展开，介绍素材的导入和剪切、案例制作的完整流程、影片的输出方法等。

第2章运动特效与抠像，内容包括不同图层的应用技巧，通过纯色层的叠加制作纯色演绎效果，将PSD文件导入实现中国风的效果，利用钢笔工具实现冻结帧效果等。

第3章文本动画应用，内容包括各种文字效果的实现方法，如子弹头特效、随机闪烁、活跃干扰、波纹字、泡泡字、火焰字、金属字、爆炸字等。

第4章七彩光线飞舞，内容包括三维光束、片段转换、描边光线、立体网格、自由流体光、路径粒子光、魔法球等特效的制作方法。

第5章音频特效，内容包括背景闪烁、飞舞线条、动感节奏、频谱效果、音画合成、彩条波纹等音频特效的制作方法。

第6章色彩空间与粒子光，内容包括旧时光、花瓣飘落、皮肤美颜、三原色、战争模拟、魔法手指等动态效果的制作方法。

第7章雨雾气体大爆炸，内容包括流动烟雾、雷雨、雪飘、地爆、房屋倒塌等影视特效的制作原理。

第8章综合案例，内容包括影视特效、游戏特效、栏目广告、"赛博朋克"风格4种类型特效的制作，将前7章所讲解的内容融会贯通，使读者掌握专业的后期特效制作技巧。

本书提供所有案例的素材文件、源文件、教学视频，以及PPT教学课件、教案和教学大纲等立体化教学资源，还附赠23集After Effects软件操作视频课程，读者可扫描右侧的二维码，推送到自己的邮箱后下载获取；也可直接扫描书中二维码，观看教学视频。注意：下载完成后，系统会自动生成多个文件夹，配套资源被分别存储在其中，将所有文件夹中的资源复制出来即可查看。

教学资源

读者对象

本书对于After Effects软件的讲解从必备的基础操作开始，是一本非常适合初、中级读者的入门与提高教材。以前没有接触过软件的初学者无须参照其他书籍即可轻松入门，而有一定基础的读者也可以从书中快速了解软件的各种功能和知识点。

本书可作为高等院校影视动画、数字媒体艺术等专业的教材，也可作为影视特效合成相关从业人员和爱好者的参考用书。

本书作者

本书作者具有多年教学经验和丰富的企业项目实践经验，在编写本书时将二者相融合，做到产教研一体化，使得本书成为校企融合的实践应用型教材。

本书由周玉山、刘慧敏编著。参编人员还包括南山文化传媒有限公司李娜、南山旅游集团郭晗。感谢作者所在单位烟台南山学院、烟台黄金职业学院给予的大力支持。

由于作者水平所限，书中难免有疏漏和不足之处，敬请广大读者批评指正。

编　者

2023.7

目录

第 1 章 　基础知识

本章主要讲解After Effects 2022影视编辑合成方面的基础知识。通过本章的学习，读者能够了解After Effects 2022的项目参数设置、工作区域、文件导入及影片输出等相关知识，从而为后续章节的学习打好基础。

1.1　项目参数设置

教学视频

素材文件：无
案例文件：无
视频教学：视频教学 / 第 1 章 /1.1 项目参数设置 .mp4
技术要点：掌握 After Effects 软件中基本参数设置的一般流程

案例思路

本案例简单介绍了After Effects 2022软件在制作项目前设置参数的一般流程，使读者对After Effects 2022的界面、首选项参数的设置有初步的认识。

操作步骤

1. 认识"开始"对话框

01 → 启动After Effects 2022软件，弹出【开始】对话框，如图1-1所示。

图1-1

> **提示**
>
> "开始"对话框中的选项介绍如下。
> - 最近使用项：列出了可执行的操作，包括【新建项目】【打开项目】两部分，这也是用户在制作一个案例时最先使用到的命令。
> - 名称：指最近保存项目的名称。

02 → 在【开始】对话框中，单击【新建项目】按钮，进入After Effects 2022的工作界面，如图1-2所示。

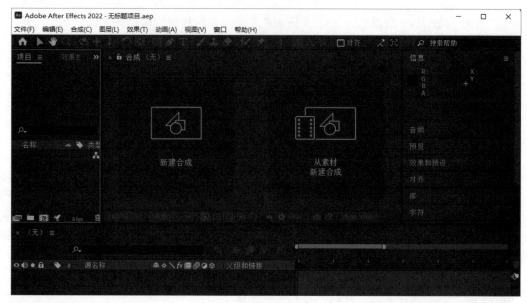

图1-2

2. 设置首选项

01 → 执行【编辑】>【首选项】>【常规】命令，打开【首选项】对话框，勾选"允许脚本写入文件和访问网络"和"启用JavaScript调试器"复选框，如图1-3所示。

图1-3

> **提示**
>
> 勾选"允许脚本写入文件和访问网络"和"启用JavaScript调试器"复选框后，案例中需要用到的脚本或者插件在安装方面能避免错误。

02 → 在【首选项】对话框中，选择【预览】选项，设置【快速预览】>【自适应分辨率限制】为1/8，如图1-4所示。

图1-4

03 → 在【首选项】对话框中，设置【自动保存】选项下的【保存间隔】为5分钟，如图1-5所示。

图1-5

技术总结

通过本节的讲解，相信读者对After Effects 2022软件已有了初步的认识，包括启动界面、首选项、脚本写入、保存等设置，为后续使用软件打下良好的基础。

1.2 工作区域

教学视频

素材文件：无
案例文件：无
视频教学：视频教学 / 第 1 章 /1.2 工作区域 .mp4
技术要点：掌握 After Effects 2022 的几种工作区域布局，以及恢复默认软件界面的方法

案例思路

本案例主要介绍After Effects 2022中的工作区域及软件功能布局。After Effects 2022是一款

专业的影视特效制作软件，了解它的工作区域和界面布局，有利于用户快速掌握软件的基本架构。

制作步骤

1. 工作区介绍

执行【窗口】>【工作区】命令，可查看软件工作区提供的功能面板，如图1-6所示。

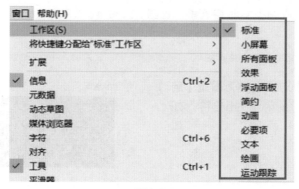

图1-6

提示

在After Effects 2022中，常用的面板作用如下。

- 【标准】面板：常规处理项目案例的工作区域。
- 【小屏幕】面板：简化处理项目案例的工作区域。
- 【所有面板】面板：完整显示After Effects2022中全部项目面板的工作区域。
- 【效果】面板：特效处理项目案例的工作区域。
- 【浮动面板】面板：信息、预览及特效面板处于可移动的浮动面板状态。
- 【简约】面板：常规优化项目案例的工作区域。
- 【动画】面板：常规处理动画项目案例的工作区域。
- 【必要项】面板：项目案例制作中核心工作区域面板的显示。
- 【文本】面板：常规处理文本项目案例的工作区域。
- 【绘画】面板：常规绘制图片项目案例的工作区域。
- 【运动跟踪】面板：常规运动跟踪项目案例的工作区域。

2. 恢复默认布局

在操作的过程中，如果不小心关闭了某一个窗口或者面板，可执行【窗口】>【工作区】>【将"标准"重置为已保存的布局】命令，如图1-7所示，可使界面恢复为默认状态。

图1-7

3. 工作界面介绍

软件的工作界面，如图1-8所示。

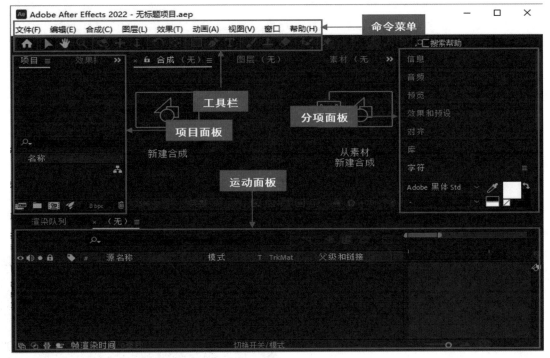

图1-8

技术总结

通过本节的讲解，使读者在短时间内了解After Effects 2022软件的界面，以及各个工作界面的功能，帮助读者快速入门。

1.3 合成与设置

教学视频

素材文件：素材文件 / 第 1 章 /1.3 合成与设置
案例文件：案例文件 / 第 1 章 /1.3 合成与设置 .aep
视频教学：视频教学 / 第 1 章 /1.3 合成与设置 .mp4
技术要点：掌握项目合成流程，以及设置标清、高清的方法

案例思路

本案例介绍在After Effects 2022中的项目合成流程，主要讲解工作区和成片输出等知识，使读者掌握这些合成与设置方法，为下一步的案例制作理清思路。

制作步骤

1. 项目合成

01 → 打开After Effects 2022软件，执行【合成】>【新建合成】命令，在弹出的对话框中，设置【合成名称】为"项目合成流程"，【预设】为HDV/HDTV 720 25，【宽度】为1280px，【高度】为720px，【帧速率】为25帧/秒，【持续时间】为0:00:05:00，如图1-9所示。

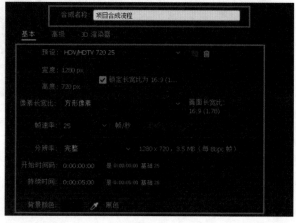

图1-9

02 → 双击【项目】面板的空白处，在弹出的【导入文件】对话框中，导入"角色.png""场景.jpg"作为素材，如图1-10所示。

图1-10

03 → 将【项目】面板中的"角色.png""场景.jpg"拖曳至【项目合成流程】面板中的时间线上，如图1-11所示。合成后的效果，如图1-12所示。

图1-11

图1-12

2. 关键帧动画

01 ➤ 选择"角色.png"素材，在0:00:00:00处，执行【变换】>【位置】命令，设置【位置】为-320.0,360.0，如图1-13所示。

02 ➤ 将【当前时间指示器】拖曳至0:00:02:00处，设置【位置】为640.0,360.0，如图1-14所示。

图1-13

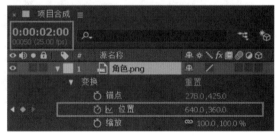

图1-14

03 ➤ 预览视频，查看效果，如图1-15所示。

图1-15

提示

常用预览视频的方法有以下两种。
- 普通预览：按键盘上的【空格】键。
- 内存预览：按小键盘上的【0】键。

3. 更改合成设置

01 → 在【项目】面板中选择"项目合成"，执行【合成】>【合成设置】命令，如图1-16所示。

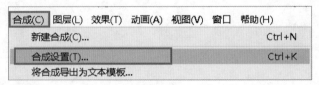

图1-16

02 → 设置【合成名称】为"项目合成"，【预设】为HDTV 1080 25，【宽度】为1920px，【高度】为1080px，【帧速率】为25帧/秒，【持续时间】为0:00:10:00，如图1-17所示。

03 → 查看合成设置效果，如图1-18所示。

图1-17

图1-18

提示

在案例操作中，如果出现素材与合成窗口不匹配的情况，可通过更改【合成设置】的参数来修改合成大小、时间长度。

技术总结

通过本案例的制作，相信读者对于合成流程，如新建、设置和修改有了一定的经验。案例中还加入了关键帧动画制作技术，帮助读者更好地学习After Effects 2022软件的操作方法。

1.4 文件导入

素材文件：素材文件 / 第 1 章 /1.4 文件导入
案例文件：案例文件 / 第 1 章 /1.4 文件导入 .aep
视频教学：视频教学 / 第 1 章 /1.4 文件导入 .mp4
技术要点：导入不同类型的视音频文件的方法

案例思路

本案例主要介绍After Effects 2022中不同格式文件的导入方法。文件导入是制作项目必不可少的步骤，掌握各种文件的导入方法，能够对制作项目产生积极的作用。

制作步骤

1. 导入图片

01 → 新建项目，设置【合成名称】为"文件导入"，【预设】为HDV/HDTV 720 25，【持续时间】为0:00:05:00，如图1-19所示。

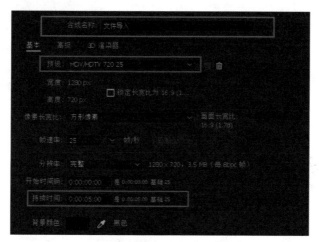

图1-19

02 → 执行【文件】>【导入】>【文件】命令，如图1-20所示。

图1-20

03 → 在弹出的【导入文件】对话框中，选择所要导入的素材"图片01.jpg"，如图1-21所示。

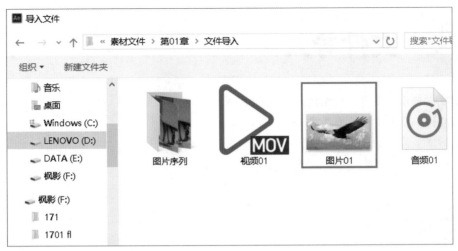

图1-21

04 → 将导入【项目】面板中的素材"图片01.jpg"，拖曳至【文件导入】面板中的时间线上，如图1-22所示。

2. 导入图片序列

01 → 双击【项目】面板的空白处，在弹出的【导入文件】对话框中查找路径，勾选【PNG序列】复选框，选择首个编号素材"1_00000.png"，单击【导入】按钮，如图1-23所示。

图1-22

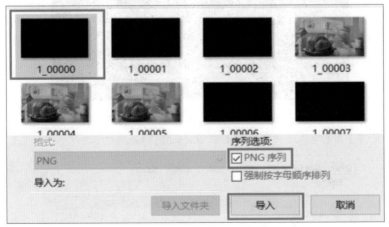

图1-23

02 → 将【项目】面板中的素材"1_00000.png"拖曳至下方【合成1】面板的合成轨道

上，如图1-24所示。

图1-24

3. 导入PSD文件

01 → 在【项目】面板的空白处双击，在弹出的【导入文件】对话框中，查找素材路径，找到"图片02.psd"，单击【导入】按钮，如图1-25所示。

图片序列　　视频01.mov　　图片01.jpg　　图片02.psd　　图片03.tga　　音频01.mp3

图1-25

02 → 在导入文件的过程中，会弹出相应的设置选项，将【导入种类】选项由"素材"更改为"合成-保持图层大小"，单击【确定】按钮，如图1-26所示。

03 → 在导入文件后，查看【项目】面板中的"图片02.psd"素材，分别生成"图片02"合成和"图片02个图层"文件夹，如图1-27所示。

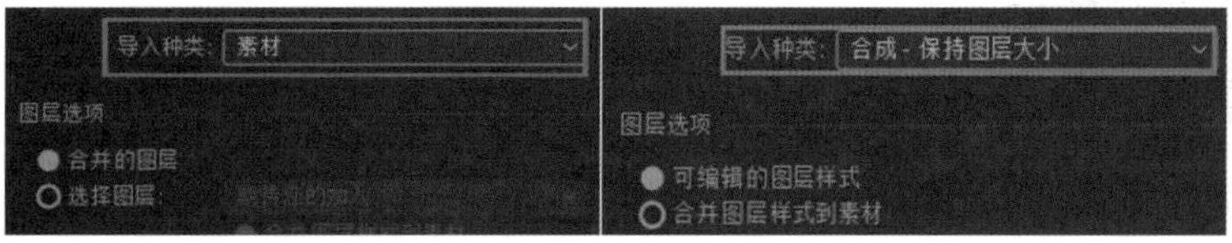

图1-26 　　　　　　　　　　　　　　　　　　图1-27

提 示

在导入文件时，可设置如下选项。

- 【导入种类：素材】，psd文件中的图层以图片素材的形式导入。
- 【图层选项：合并的图层】，psd文件会把所有图层合并成一张图片。
- 【导入种类：合成-保持图层大小】，psd文件中的图层和AE文件中的图层保持一一对应。
- 【图层选项：可编辑的图层样式】，psd文件中的图层样式导入After Effects 2022后，可以被编排。
- 【图层选项：合并图层样式到素材】，psd文件中的图层样式导入After Effects 2022后，不可以被编排。

4. 导入TGA文件

01 → 双击【项目】面板的空白处，在弹出的【导入文件】对话框中，查找路径，导入"图片03.tga"作为素材，然后单击【导入】按钮，如图1-28所示。

图1-28

02 → 在导入文件的同时，会弹出【解释素材:图片03.tga】对话框，默认选择【直接-无遮罩】单选按钮，然后单击【确定】按钮，如图1-29所示。

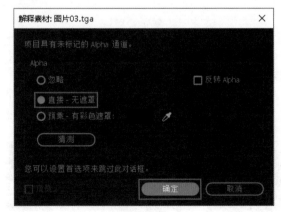

图1-29

提 示

"解释素材"对话框中的选项如下。

- Alpha>忽略：指TGA/PNG文件中的透明通道不显示，背景不透明。
- Alpha>直接-无遮罩：指TGA/PNG文件中的透明通道显示，背景透明，适合2D软件制作的文件。
- Alpha>预乘-有彩色遮罩：指TGA/PNG文件中的透明通道显示，背景透明，适合3D软件渲染输出的文件。
- 猜测：让After Effects 2022自动判断选项。
- 反转Alpha：透明区域进行反转。

5. 导入视频

01 → 双击【项目】面板的空白处，在弹出的【导入文件】对话框中，查找素材路径，找到"视频01.mov"作为素材，然后单击【导入】按钮，如图1-30所示。

02 → 将素材"视频01.mov"拖曳至【文件导入】面板的合成轨道上，如图1-31所示。

图1-30

图1-31

6. 导入音频

01 → 在【项目】面板的空白处双击，在弹出的【导入文件】对话框中，查找路径，导入"音频01.mp3"作为素材，然后单击【导入】按钮，如图1-32所示。

02 → 将素材"音频01.mp3"拖曳至【文件导入】面板的合成轨道上，如图1-33所示。

图1-32

图1-33

技术总结

本案例介绍了几种常见的文件类型的导入，包括图片、图片序列、视频、音频等，应用到JPG、PNG、PSD、MP4、MP3格式，相信读者对于导入各种常用类型的素材有了一定的了解。After Effects软件还可以导入许多其他格式的文件，如MOV、WAV等。

1.5 影片输出

教学视频

素材文件：素材文件 / 第 1 章 /1.5 影片输出

案例文件：案例文件 / 第 1 章 /1.5 影片输出 .aep

视频教学：视频教学 / 第 1 章 /1.5 影片输出 .mp4

技术要点：After Effects 2022 影片的输出设置及格式设定

案例思路

本案例主要介绍After Effects 2022中视频和音频、图片序列的输出设置。影片的输出是制作过程的最后环节，掌握正确的输出设置，有利于后续案例的开展。

制作步骤

1. 打开合成文件

01 → 执行【文件】>【打开项目】命令，查找路径，打开"影片输出.aep"文件，如图1-34所示。

02 → 查看文件效果，如图1-35所示。

图1-34

图1-35

提 示

"影片输出.aep"文件是After Effects 2022中默认保存的工程文件格式，在本案例中可直接调用。

2. 影片设置与输出

01 → 执行【合成】>【预渲染】命令，进入【渲染队列】面板，如图1-36所示。

图1-36

02 → 设置【渲染设置】>【品质】为"最佳"，如图1-37所示。

03 → 设置【输出模块设置】>【主要选项】>【格式】为QuickTime，如图1-38所示。

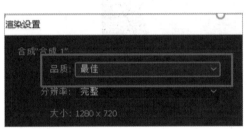

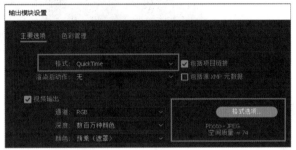

图1-37

图1-38

04 → 在【QuickTime选项】对话框中，设置【视频编解码器】为Photo-JPEG，设置【基本视频设置】的【品质】为74，如图1-39所示。

图1-39

05 → 设置【输出到】模块，单击"合成1.mov"，弹出【将影片输出到】对话框，确定影片合成后存放的位置，然后保存为"1.5影片输出.mov"，单击【保存】按钮，如图1-40所示。

06 → 回到【渲染队列】面板，单击【渲染】按钮进行影片输出，如图1-41所示。

图1-40

图1-41

07 → 影片最终效果，如图1-42所示。

图1-42

技术总结

本节主要讲解了常见的项目文件的输出流程和保存设置的方法，最终形成一个具有特点的小案例。通过本案例的讲解，相信读者能够很好地掌握After Effects 2022中各种常用类型的视音频文件的输出设置。

第2章 运动特效与抠像

本章主要讲解运动特效与抠像的制作方法。通过对本章7个案例的学习，读者可以掌握各类图层的创建方法和应用技巧，属性动画、表达式的初级用法，以及素材特效的编辑技巧。

2.1 多样图层

教学视频

素材文件：无
案例文件：案例文件 / 第 2 章 /2.1 多样图层 .aep
视频教学：视频教学 / 第 2 章 /2.1 多样图层 .mp4
技术要点：掌握 After Effects 中各类图层的创建和应用方法

案例思路

本案例介绍了After Effects 2022软件对于不同图层的创建和设置方法，使读者对文本图层、纯色图层、灯光图层、摄像机图层、空对象图层、形状图层有一个全面的了解。

制作步骤

1. 文本图层

01 → 新建项目，设置【预设】为HDV 720p25。

02 → 执行【图层】>【新建】>【文本】命令，创建空文本图层，如图2-1所示。

03 → 在【空文本图层】窗口中，输入文字"运动特效与抠像"，文本创建完成，如图2-2所示。

图2-1

04 → 打开【字符】面板，设置【字体类型】为"Adobe黑体Std"，【颜色】为白色，【字体大小】为114，【字体垂直缩放】为99%，【字体水平缩放】为100%，并设置 ⊤ "加粗"和 ⊤ "斜体"，如图2-3所示。

图2-2   图2-3

提示

除了上面介绍的创建文本的方法，还会经常用到工具栏上的 ⊤ (文本工具)创建文字，然后可设置如下选项。
- 字体样式：更改字体的类型。
- 字体颜色：更改字体的颜色。
- 字体大小：更改字体的大小。

2. 纯色图层

01 → 执行【图层】>【新建】>【纯色】命令，创建纯色图层，如图2-4所示。

02 → 在弹出的【纯色设置】对话框中，设置【名称】为"多样图层"，【宽度】为"1280像素"，【高度】为"720像素"，【颜色】为"紫罗兰(R:239,G:18,B:199)"，如图2-5所示。

03 → 在【合成1】窗口中查看效果，如图2-6所示。

图2-4

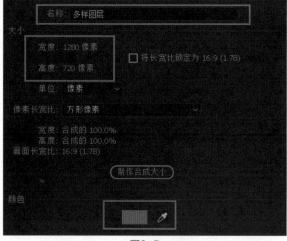

图2-5

图2-6

提示

纯色图层相当于一个不透明的色块，一般可以在上面添加文本、灯光、粒子特效。

3. 灯光图层

01 → 执行【图层】>【新建】>【灯光】命令，创建灯光图层，如图2-7所示。

02 → 在弹出的【灯光设置】对话框中，设置灯光【名称】为"灯光1"，【灯光类型】为"聚光"，【颜色】为"橙色(R:255,G:155,B:22)"，【强度】为100%，【锥形角度】为90°，【锥形羽化】为50%，【衰减】为"无"，如图2-8所示。

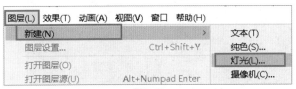

图2-7　　　　　　　　　　　图2-8

03 → 单击【确定】按钮，弹出【警告】对话框，直接单击【确定】按钮，如图2-9所示。

04 → 回到【时间线】面板，分别选择"运动特效与抠像"和"洋红色 纯色1"右侧的 (3D图层)图标，如图2-10所示。

图2-9　　　　　　　　　　　图2-10

提示

- 设置灯光图层时，如果出现【警告】对话框，是因为合成中的全部图层都是2D图层，选择 (3D图层)图标，转换成3D图层就可以解决。
- 双击灯光图层，可以重新设置灯光图层的参数。

05 → 查看【合成1】窗口，灯光的照明效果就出现了，如图2-11所示。

图2-11

4. 摄像机图层

01 → 执行【图层】>【新建】>【摄像机】命令，创建摄像机图层，如图2-12所示。

图2-12

02 → 在弹出的【摄像机设置】对话框中，设置【名称】为"摄像机1"，【预设】为"50毫米"，如图2-13所示。

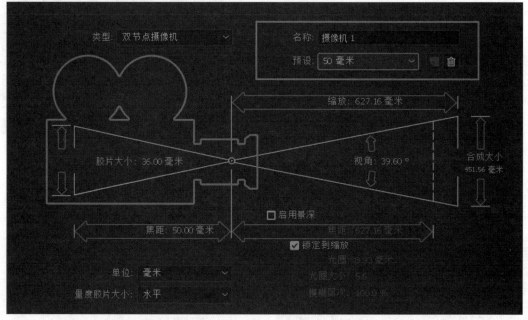

图2-13

03 → 查看【时间线】面板，"摄像机1"图层创建完成，如图2-14所示。

04 → 单击【合成1】窗口下方的【选择视图布局】图标，将【合成1】窗口更改为"2个视图-水平"，如图2-15所示。

图2-14

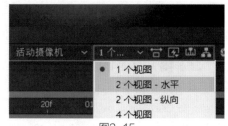

图2-15

05 → 回到"摄像机1"图层，在【合成1】窗口下方左侧的【顶】视图中会出现一个摄像机，摄像机动画的制作在这里进行，如图2-16所示。

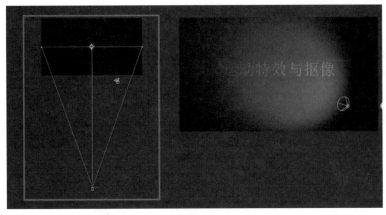

图2-16

5. 空对象图层

01 → 执行【图层】>【新建】>【空对象】命令，创建空对象图层，如图2-17所示。

02 → 查看【时间线】面板，新增一个"空1"图层，如图2-18所示。

图2-17

图2-18

03 → 图像最终效果，如图2-19所示。

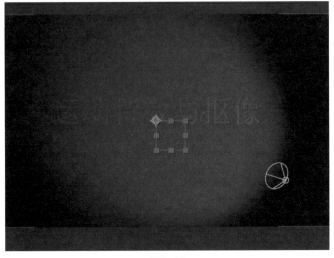

图2-19

提示

空对象图层的应用，一般是配合父子约束进行的。

6. 形状图层

01 → 执行【图层】>【新建】>【形状图层】命令，创建形状图层，如图2-20所示。

图2-20

02 → 在【合成1】窗口中，按住鼠标左键拖曳出一个红色带描边效果的矩形形状图层，如图2-21所示。

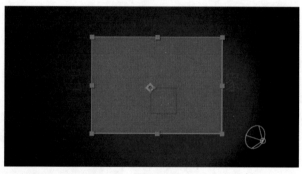

图2-21

提示

- 形状图层是配合工具栏中的▣(矩形工具)和✒(钢笔工具)共同完成图形绘制的。
- 形状图层分为两部分，■填充■代表填充内部颜色，■描边□代表填充外框颜色。

7. 调整图层

01 → 执行【图层】>【新建】>【调整图层】命令，创建调整图层，如图2-22所示。

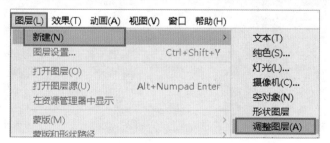

图2-22

02 → 查看【时间线】面板，新增"调整图层1"，如图2-23所示。

图2-23

提示

调整图层上面可以添加任何滤镜特效，并且会影响到其下的所有图层。

技术总结

通过本节的讲解，相信读者已经掌握After Effects 2022中不同图层的创建和应用技巧。在案例的制作过程中，图层的运用是必不可少的，读者熟练掌握图层的应用技巧可为后续操作打下良好的基础。

2.2 纯色演绎

教学视频

素材文件：无
案例文件：案例文件 / 第 2 章 /2.2 纯色演绎 .aep
视频教学：视频教学 / 第 2 章 /2.2 纯色演绎 .mp4
技术要点：掌握【位置】【旋转】【缩放】【透明度】属性的应用方法

案例思路

本案例主要介绍在After Effects 2022软件中利用纯色图层设定关键帧动画的方法。关键帧属性主要包括【位置】【旋转】【缩放】【透明度】等。

制作步骤

1. 纯色图层动画

01 → 新建项目，设置【预设】为HDV/HDTV 720 25，【持续时间】为0:00:05:00，如图2-24所示。

02 → 执行【图层】>【新建】>【纯色】命令，创建纯色图层，如图2-25所示。

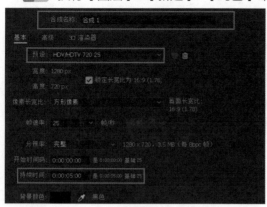 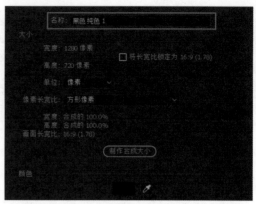

图2-24　　　　　　　　　　　　　　　　　　　　图2-25

03 → 选择"黑色 纯色 1"图层，执行【编辑】>【重复】命令，对图层进行复制，如图2-26所示。

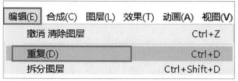

图2-26

提 示

复制图层常用的快捷键为Ctrl+D，在后面的案例制作中会采用快捷键的操作方式。

04 → 选择上方的"黑色 纯色 1"图层，如图2-27所示。

05 → 执行【图层】>【纯色设置】命令，设置【颜色】为"洋红色(R:226,G:0,B:219)"，如图2-28所示。

图2-27　　　　　　　　　　　　　　　　　　　　图2-28

06 → 展开【洋红色 纯色1】>【变换】>【缩放】选项，取消【约束比例】，将【当前时间指示器】移动至0:00:00:00处，设置【缩放】为9.0,100.0%，如图2-29所示。

07 → 将【当前时间指示器】移动至0:00:00:10处，设置【缩放】为100.0,100.0%，如图2-30所示。

图2-29　　　　　　　　　　　　　　　　　　　　图2-30

08 → 查看画面效果，如图2-31所示。

图2-31

提 示

变换操作有如下几种。

- 锚点：常用快捷键是A，调整图形、图像的轴心点。
- 位置：常用快捷键是P，移动图形、图像的位置，制作位移动画。
- 缩放：常用快捷键是S，放大或缩小图形、图像，制作缩放动画。
- 旋转：常用快捷键是R，旋转图形、图像，制作旋转动画。
- 不透明度：常用快捷键是T，为图形、图像制作透明度动画。

09 → 执行【图层】>【新建】>【纯色】命令，在弹出的【纯色设置】对话框中，设置【颜色】为"蓝色(R:20,G:0, B:26)"，效果如图2-32所示。

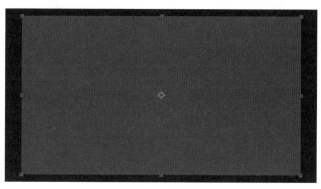

图2-32

10 → 选择"洋红色 纯色1"图层中缩放命令右侧的两个关键帧，按键盘上的快捷键Ctrl+C，复制关键帧，拖曳【当前时间指示器】至0:00:00:10处，按键盘上的快捷键Ctrl+V，粘贴关键帧，如图2-33所示。

图2-33

11 → 查看画面效果，如图2-34所示。

图2-34

12 → 选择"蓝色 纯色1"图层，按键盘上的快捷键Ctrl+D进行复制，将新复制的"蓝色 纯色1"移动至0:00:00:20处，如图2-35所示。

图2-35

13 → 选择"蓝色 纯色 1"图层，执行【图层】>【纯色设置】命令，设置【名称】为"青绿色纯色2"，【颜色】为"青绿色(R:18,G:239,B:147)"，如图2-36所示。

14 → 查看垂直画面效果，如图2-37所示。

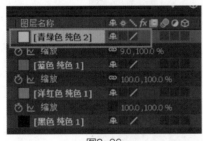

图2-36

图2-37

15 → 选择"青绿色 纯色2"图层，按键盘上的快捷键Ctrl+D，复制新图层"青绿色 纯色2"，将其拖曳至0:00:01:05处，如图2-38所示。

16 → 选择"青绿色 纯色 2"图层，执行【图层】>【纯色设置】命令，设置【名称】为"黄色纯色2"，【颜色】为"黄色(R:239,G:210,B:18)"，如图2-39所示。

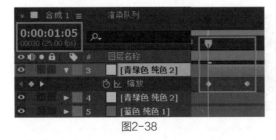

图2-38

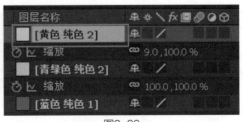

图2-39

17 → 查看画面效果，如图2-40所示。

2. 文字图层动画

01 → 单击工具栏上的 **T**(文本工具)，在【合成1】窗口中输入文字"发现生活之美"，设置【字体颜色】为"白色(R:235,G:235,B:235)"，如图2-41所示。

图2-40

图2-41

02 → 设置文本动画，在0:00:01:15处，设置【变换】>【位置】为-260.0,342.0，如图2-42所示。

03 → 在0:00:02:00处，设置【位置】为838.1,342.0，如图2-43所示。

04 → 在0:00:02:08处，设置【位置】为660.0,342.0，如图2-44所示。

图2-42

图2-43

图2-44

05 → 查看案例最终效果，如图2-45所示。

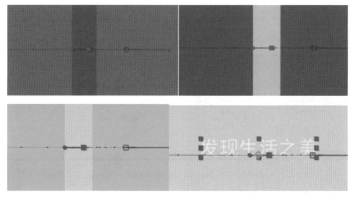

图2-45

技术总结

通过本案例，相信读者对在不同的纯色图层中制作关键帧动画有了详细的了解，能够进行图层排序、文本动画设置，为进阶案例的制作打下良好的基础。

2.3 蝴蝶飞舞

教学视频

素材文件：素材文件 / 第 2 章 /2.3 蝴蝶飞舞
案例文件：案例文件 / 第 2 章 /2.3 蝴蝶飞舞 .aep
视频教学：视频教学 / 第 2 章 /2.3 蝴蝶飞舞 .mp4
技术要点：掌握 PSD 素材文件导入、3D 图层添加、3D 图层动画、循环表达式等相关功能和设置技巧

案例思路

本案例讲解了在After Effects 2022软件中导入外部PSD素材文件，通过更改图片轴心点，添加3D图层制作旋转动画，最后应用循环脚本的方式，使读者掌握"蝴蝶飞舞"动画的核心应用技巧。

制作步骤

1. 制作蝴蝶动画

01 → 新建项目，设置【合成名称】为"蝴蝶飞舞"，【自定义】预设为"高度：484px""宽度：393px"，【持续时间】为0:00:05:00，如图2-46所示。

02 → 双击【项目】面板的空白处，在弹出的【导入文件】对话框中，查找路径，导入"蝴蝶.psd"作为素材，设置【导入种类】为"合成-保持图层大小"，【图层选项】为"可编辑的图层样式"，生成一个图层和一个文件夹。双击"蝴蝶"，进入"蝴蝶"合成内部，打开▧(透明栅格)按钮，效果如图2-47所示。

图2-46　　　　　　　　　　图2-47

03 → 单击"蝴蝶"合成中"图层1""图层2"和"图层2拷贝"三个图层右侧的◈(3D图层)图标，制作蝴蝶翅膀扇动效果，如图2-48所示。

04 → 单击工具栏上的■(锚点工具)，设置"图层1""图层2"和"图层2拷贝"三个图层的轴心点，制作旋转效果，如图2-49所示。

图2-48

图2-49

05 → 在0:00:00:00处，设置【图层1】>【方向】为0.0°,0.0°,345.0°、【X轴旋转】为0×+0.0°；设置【图层2拷贝】>【方向】为0.0°,288.0°,0.0°、【X轴旋转】为0×-23.0°；设置【图层2】>【方向】为0.0°,84.0°,0.0°、【X轴旋转】为0×+24.0°，如图2-50所示。

06 → 将【当前时间指示器】拖曳至0:00:00:03处，设置【图层2拷贝】>【方向】为0.0°,82.0°,0.0°、【X轴旋转】为0×+24.0°"；设置【图层2】>【方向】为0.0°,279.0°,0.0°、【X轴旋转】为0×-23.0°，如图2-51所示。

图2-50

图2-51

07 → 将【当前时间指示器】拖曳至0:00:00:00处，选择"图层1""图层2"和"图层2拷贝"，按键盘上的U键，展开图层关键帧，选择三个图层的关键帧，按键盘上的快捷键Ctrl+C进行复制；将【当前时间指示器】拖曳至0:00:00:06处，按键盘上的快捷键Ctrl+V进行粘贴，如图2-52所示。

图2-52

> **提 示**
>
> 复制和粘贴图层关键帧的方法如下。
> - 复制图层关键帧的快捷键为Ctrl+C。
> - 粘贴图层关键帧的快捷键为Ctrl+V。
> - 复制和粘贴图层的多个关键帧时，需要一个一个地进行复制粘贴，不可一起复制。

08 → 选择"图层1""图层2"和"图层2拷贝"，按住键盘上的Alt键，单击【方向】>【表达式：方向】右侧的 ▶ (表达式语言菜单)图标，在打开的菜单中选择Property>loopOut(type="cycle"，numKeyframe=0)；设置【X轴旋转】，按住键盘上的Alt键，单击【X轴旋转】>【表达式：X轴旋转】右侧的 ▶ (表达式语言菜单)图标，在打开的菜单中选择 Property > loopOut(type= "cycle"，numKeyframe=0)，如图2-53所示。

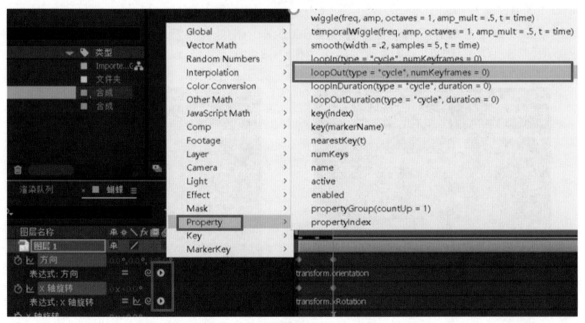

图2-53

> **提 示**
>
> loopOut(type="cycle",numKeyframe=0)循环语句，控制物体的重复性运动。

09 → 执行【图层】>【新建】>【空对象】命令，单击工具栏上的 ▦ (锚点工具)，调整"空对象"的轴心点，选择 ◉ (3D图层)图标，如图2-54所示。

10 → 选择"图层1""图层2"和"图层2拷贝",按住◎(父级螺旋线)图标拖曳至"空1"图层,进行父子链接,如图2-55所示。

11 → 选择"空1"图层,设置【空1】>【方向】为0.0°,72.0°,0.0°,【X轴旋转】为0×-20.0°,【Y轴旋转】为0×-16.0°,【Z轴旋转】为0×+36.0°,如图2-56所示。

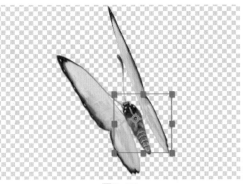

图2-54

图2-55

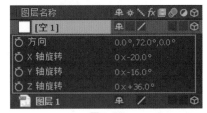

图2-56

2. 案例合成

01 → 回到"合成1"图层,导入"中国风.jpg"作为背景素材,将其拖曳至【时间线】面板,选择◎(3D图层)图标,设置【Z轴旋转】为0×+15.0,【缩放】为70.0,70.0,70.0%;在0:00:00:00处,设置【位置】为-158.0,510.0,0.0,【缩放】为70.0,70.0,70.0%,定义关键帧,如图2-57所示。

02 → 拖曳【当前时间指示器】至0:00:00:10处,设置【位置】为193.0,307.0,0.0,【缩放】为70.0,70.0,70.0%,如图2-58所示。

图2-57

图2-58

03 → 拖曳【当前时间指示器】至0:00:00:20处,设置【位置】为640.0,121.0,0.0,【缩放】为70.0,70.0,70.0%,如图2-59所示。

04 → 拖曳【当前时间指示器】至0:00:01:05处,设置【位置】为1123.0,203.0,0.0,【缩放】为40.0,40.0,40.0%,如图2-60所示。

图2-59

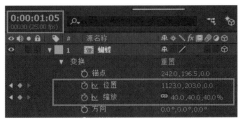

图2-60

05 → 查看案例最终效果，如图2-61所示。

图2-61

技术总结

本案例通过转换3D图层进行动画制作，添加循环脚本语言，相信读者通过学习本案例，对在After Effects 2022软件中导入PSD文件、更改图片轴心点、应用3D图层和循环脚本有更加深入的了解。

2.4 静止的时间

教学视频

素材文件：素材文件 / 第 2 章 /2.4 静止的时间
案例文件：案例文件 / 第 2 章 /2.4 静止的时间 .aep
视频教学：视频教学 / 第 2 章 /2.4 静止的时间 .mp4
技术要点：掌握项目合成中关于冻结帧的设置方法

案例思路

本案例介绍After Effects 2022软件中时间帧冻结效果的制作。时间帧冻结是影视后期合成中经常用到的命令，采用钢笔工具绘制蒙版与时间帧冻结相结合的方法，可以更快、更好地制作影视特效。

制作步骤

1. 时间帧冻结效果

01 → 新建项目，设置【预设】为HDV/HDTV 720 25，【持续时间】为0:00:06:00，如图2-62所示。

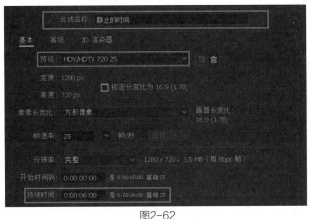

图2-62

02 → 双击【项目】面板的空白处，在弹出的【导入文件】对话框中，导入"视频01.mov"作为素材文件，将其拖曳至【时间线】面板中，然后按键盘上的快捷键Ctrl+D，对图层进行复制，如图2-63所示。

图2-63

03 → 将【当前时间指示器】拖曳至0:00:00:12处，按键盘上的快捷键Alt+]，对新复制的"视频01.mov"的尾部进行剪切，如图2-64所示。

04 → 选择最下方的"视频01"图层，再次按键盘上的快捷键Ctrl+D进行复制，将【当前时间指示器】拖曳至0:00:02:11处，再次进行剪切，如图2-65所示。

图2-64

图2-65

05 → 选择最上方的"视频01.mov"，执行【图层】>【时间】>【冻结帧】命令，将其移动至0:00:00:12处，如图2-66所示。

06 → 选择中间的"视频01.mov"，重复操作，将其移动至0:00:02:11处，如图2-67所示。

图2-66

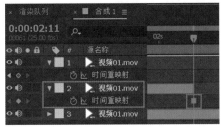

图2-67

2. 蒙版抠除效果

01 → 选择最上方的"视频01.mov"，在0:00:00:12处，使用 (钢笔工具)绘制蒙版，如图2-68所示。

02 → 选择中间的"视频01.mov"，在0:00:00:12处，使用 (钢笔工具)绘制蒙版，如图2-69所示。

03 → 查看案例最终效果，如图2-70所示。

图2-68

图2-69

图2-70

技术总结

通过本案例，相信读者对After Effects 2022中的时间帧冻结效果有了一个全新的认识。冻结时间帧、静止帧、钢笔工具抠像等，都是影视特效制作中常用的功能，读者掌握时间帧的应用方法可为后续的特效制作打下良好的基础。

2.5 幻影效果

教学视频

素材文件：素材文件 / 第 2 章 /2.5 幻影效果
案例文件：案例文件 / 第 2 章 /2.5 幻影效果 .aep
视频教学：视频教学 / 第 2 章 /2.5 幻影效果 .mp4
技术要点：掌握【残影】效果的使用方法

案例思路

本案例介绍视频特效中幻影效果的制作方法，即通过给一段实拍影片加入幻影效果，来增强画面氛围，这种处理手法在视频特效制作中的应用较为广泛。

制作步骤

1. 残影效果

01 → 新建项目，设置【预设】为HDV/HDTV 720 25，【持续时间】为0:00:05:00，如图2-71所示。

02 → 双击【项目】面板的空白处，在弹出的【导入文件】对话框中，导入"视频01.mov"作为素材文件，然后将其拖曳至【时间线】面板中，如图2-72所示。

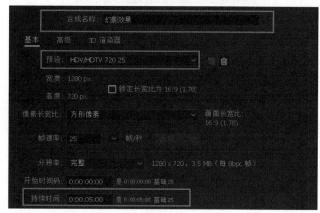
图2-71

03 → 选择"视频01.mov"素材，执行【效果】>【时间】>【残影】命令，为"视频01.mov"素材添加【残影】效果，如图2-73所示。

图2-72

2.残影效果设置

01 → 添加【残影】效果，设置【残影时间(秒)】为-0.033，【残影数量】为4，【衰减】为0.45，【残影运算符】为"滤色"，如图2-74所示。

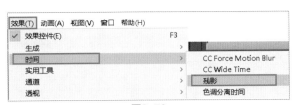

图2-73

图2-74

02 → 将【当前时间指示器】拖曳至0:00:02:14处，设置【残影时间(秒)】为-0.033，如图2-75所示。

03 → 将【当前时间指示器】拖曳至0:00:02:19处，设置【残影时间(秒)】为0.000，如图2-76所示。

图2-75

图2-76

04 → 查看案例最终效果，如图2-77所示。

图2-77

技术总结

通过本案例，相信读者已经掌握了在After Effects 2022软件中为视频添加幻影效果的方法，通过设置残影效果参数，能够实现许多精彩的视频效果。

2.6 古风手写字

素材文件：素材文件 / 第 2 章 /2.6 古风手写字
案例文件：案例文件 / 第 2 章 /2.6 古风手写字 .aep
视频教学：视频教学 / 第 2 章 /2.6 古风手写字 .mp4
技术要点：熟悉 Mask 遮罩、描边、蒙版和形状路径、贝塞尔曲线变形、三色调等特效功能的应用

案例思路

本案例利用图片素材与文本路径动画相结合的方式制作古风手写字效果，在案例制作过程中，运用了钢笔工具绘制Mask遮罩，字体填充与描边，制作蒙版等技术，实现古风手写字的效果。

制作步骤

1. 创建形状描边

01 → 新建项目，设置【预设】为HDV/HDTV 720 25，【持续时间】为0:00:05:00，如图2-78所示。

02 → 双击【项目】面板的空白处，在弹出的【导入文件】对话框中，查找路径，导入"毛笔字.psd""背景.jpg"作为素材，将其拖曳至【时间线】面板中，如图2-79所示。

03 → 单击工具栏上的 ✒️(钢笔工具)，关闭【填充】，设置【描边】为66像素，如图2-80所示。

图2-78

图2-79

图2-80

04 → 依据字体的书写顺序依次绘制，如图2-81所示。

文本绘制过程如下。

● 按照笔画书写顺序依次绘制，绘制完成一个笔画，单击空白处，重新绘制另一个。

● 绘制的白色描边一定要包裹住下面的字体。

● 在绘制过程中如果描边包裹不住字体，可以继续增大或缩小描边值。

05 → 依次绘制剩余的笔画，如图2-82所示。

图2-81

图2-82

2. 创建修剪动画

01 → 设置"形状图层1"，单击【添加】>【修剪路径】命令，在0:00:00:00处，设置【修剪路径1】>【结束】为0.0%，如图2-83所示。

02 → 拖曳【当前时间指示器】至0:00:00:10处，设置【修剪路径1】>【结束】为100.0%，如图2-84所示。

图2-83

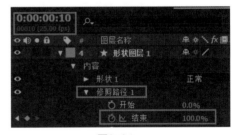

图2-84

03 → 查看绘制的画面效果，如图2-85所示。

04 → 选择"形状图层1"的关键帧，按键盘上的快捷键Ctrl+C进行复制；选择"形状图层2"，在0:00:00:10处进行粘贴；选择"形状图层3"，在0:00:00:20处进行粘贴；选择"形状图层4"，在0:00:01:05处进行粘贴，如图2-86所示。

图2-85

05 → 选择所有的"形状图层"，执行【图层】>【预合成】命令，预合成参数默认，如图2-87所示。

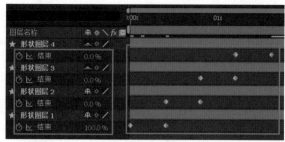
图2-86

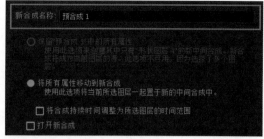
图2-87

06 → 选择"毛笔字.psd"，执行【轨道遮罩】>【Alpha遮罩"预合成1"】命令，如图2-88所示。

07 → 查看案例最终效果，如图2-89所示。

图2-88

图2-89

技术总结

通过本案例，相信读者已经掌握使用After Effects 2022软件制作古风字体动画的方法了。运用钢笔路径绘制蒙版遮罩进行动画制作，在实践中应用广泛。

2.7 隐身特效

教学视频

素材文件：素材文件 / 第 2 章 /2.7 隐身特效
案例文件：案例文件 / 第 2 章 /2.7 隐身特效 .aep
视频教学：视频教学 / 第 2 章 /2.7 隐身特效 .mp4
技术要点：掌握【拆分图层】【Mask 遮罩绘制】【扭曲】特效命令的使用方法

案例思路

本案例的制作思路是导入一段实拍素材，拆分视频图层画面，合理调整图层的位置，设定CC Flo Motion特效。"隐身""瞬移"等视频特效，在影视后期合成中出现的频率非常高，掌握本案例的知识点，对于深入研究After Effects 2022特效合成技术具有关键性作用。

制作步骤

1. 拆分图层

01 → 新建项目，设置【预设】为HDV/HDTV 720 25，【持续时间】为0:00:02:00，如图2-90所示。

02 → 双击【项目】面板的空白处，在弹出的【导入文件】对话框中查找路径，导入"视频01.mov""视频02.mov"作为素材，然后将其拖曳至【时间线】面板中，如图2-91所示。

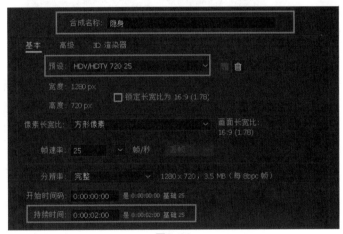

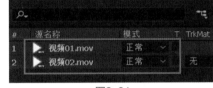

图2-90   图2-91

03 → 选择"视频01.mov"，将【当前时间指示器】拖曳至0:00:01:02处，执行【编辑】>【拆分图层】命令，将"视频01"分成两个部分，如图2-92和图2-93所示。

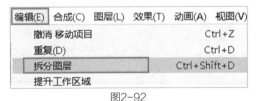

图2-92   图2-93

04 → 删除拆分的中间后半部分的"视频01.mov"，选择上方前半部分的"视频01"，按键盘上的快捷键Ctrl+D进行复制，如图2-94所示。

05 → 将【当前时间指示器】拖曳至0:00:01:00处，单击工具栏上的■(选择工具)，对新复制出来的"视频01"左侧进行剪切，将"视频01"右侧的尾部剪切到0:00:01:05处，做出Mask遮罩的区域，如图2-95所示。

图2-94　　　　　　　　　　　　　　　　图2-95

06 ⟶ 选择最上方的"视频01.mov"，单击工具栏上的◢(钢笔工具)，在0:00:01:02处绘制Mask遮罩，绘制完成后，继续选择最上方的"视频01.mov"，按键盘上的P键设置【位置】动画，在0:00:01:02处，设置【位置】为640.0,360.0，如图2-96所示。

07 ⟶ 将【当前时间指示器】拖曳至0:00:01:04处，设置【位置】为640.0,310.0，如图2-97所示。

图2-96

图2-97

2. 添加CC Flo Motion特效

01 ⟶ 选择最下方的"视频02.mov"，执行【效果】>【扭曲】> CC Flo Motion命令，在0:00:01:02处设置CC Flo Motion特效，设置Knot1为576.0,30.0，Amount1为0，如图2-98所示。

02 ⟶ 将【当前时间指示器】拖曳至0:00:01:04处，设置Knot1为576.0,30.0，Amount1为4.0，如图2-99所示。

03 ⟶ 将【当前时间指示器】拖曳至0:00:01:06处，设置Knot1为576.0,30.0，Amount1为0，如图2-100所示。

图2-98

图2-99

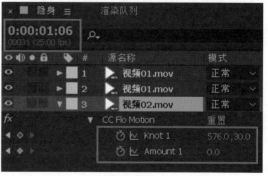

图2-100

04 ⟶ 查看案例最终效果，如图2-101所示。

图2-101

技术总结

　　通过本案例，读者能够对After Effects 2022软件中的拆分图层、位置动画有详细的了解。CC Flo Motion特效的应用，能够使案例的效果更加真实。

第3章 文本动画应用

本章主要讲解文本动画的各类效果应用。通过对本章8个案例的学习，读者可以掌握文本的创建、颜色填充，以及色相动画、运动模糊等视频效果的使用方法。

3.1 子弹头特效

教学视频

素材文件：无
案例文件：案例文件 / 第 3 章 /3.1 子弹头特效 .aep
视频教学：视频教学 / 第 3 章 /3.1 子弹头特效 .mp4
技术要点：熟悉文本工具，以及【字符间距】和【范围选择器】特效命令的使用方法

案例思路

本案例以After Effects 2022软件中文本工具与文本属性命令相结合的方式展现子弹头效果。文本工具是影视后期合成中使用频率非常高的工具，字符间距和范围选择器里有很多设置细节的选项，经常用于文字动画的制作，通过学习本案例，读者能够掌握字体动画参数设置和应用技巧。

制作步骤

1. 添加文本

01 → 新建项目，设置【预设】为HDV/HDTV 720 25，【持续时间】为0:00:01:00，如图3-1所示。

02 → 单击工具栏上的▇(文本工具)，在【合成1】窗口中输入文字Adobe After Effects，设置【字体

图3-1

样式】为Arial，【字体大小】为"99像素"，【仿粗体】设置为显示，如图3-2所示。

2. 添加子弹头效果

01 → 选择Adobe
After Effects图层，
设置为【文本】>【动
画】>【字符间距】，
如图3-3所示。

02 → 单击【动画

图3-2

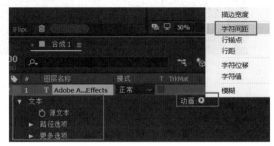

图3-3

制作工具1】右侧的【添加】>【属性】>【不透明度】和【模糊】，如图3-4所示。

图3-4

03 → 设置字符间距的参数，展开【动画
制作工具1】>【范围选择器1】>【高级】选
项，设置【不透明度】为100%。【模糊】为
"0.0,0.0"，如图3-5所示。

图3-5

04 → 设置【高级】>【形状】为"上斜坡"，【不透明
度】为0%，【模糊】为270.0,0.0，如图3-6所示。

05 → 查看动画效果，如图3-7所示。

图3-6

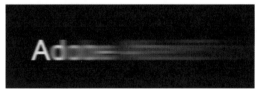

图3-7

3. 制作动画

01 → 将【当前时间指示器】拖曳至0:00:00:00处，单击【动画制作工具1】>【范围选择器1】>
【偏移】左侧的🕐(时间变化秒表)图标，设置【偏移】为-100%，如图3-8所示。

02 → 将【当前时间指示器】拖曳至0:00:00:15处，设置【偏移】为100%，如图3-9所示。

图3-8

图3-9

03 → 查看案例最终效果，如图3-10所示。

图3-10

技术总结

通过本案例，相信读者已经掌握了在After Effects 2022软件中制作子弹头特效的方法，文本和文本动画的设置、范围选择器中相关参数的设置是核心知识点。

3.2 随机闪烁

教学视频

素材文件：无
案例文件：案例文件 / 第 3 章 /3.2 随机闪烁 .aep
视频教学：视频教学 / 第 3 章 /3.2 随机闪烁 .mp4
技术要点：熟悉 RGB、【色相】和【填充色相】文本特效命令的使用方法

案例思路

本案例介绍在After Effects 2022软件中创建文本、填充颜色及设置随机色相动画的方法。文本动画属性可以制作很多动画效果，学习本节内容可使读者对文本随机色彩闪烁效果的制作有全新的认识。

制作步骤

1. 填充文本颜色

01 → 新建项目，设置【预设】为HDV/HDTV 720 25，【持续时间】为0:00:04:00，如图3-11所示。

02 → 单击工具栏上的 T (文本工具)，在【合成1】窗口中输入"随机闪烁"，设置【字体样式】为"黑体"，【字体大小】为"114像素"，如图3-12所示。

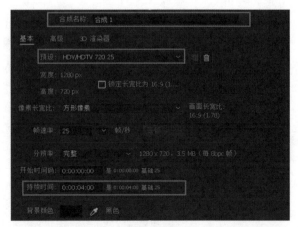

图3-11

03 → 选择"随机闪烁"图层，执行【文本】>【动画】中的【填充颜色】>RGB命令，如图3-13所示。

04 → 设置【动画制作工具1】>【范围选择器1】>【填充颜色】为"红色(R:255,G:0,B:0)"，如图3-14所示。

图3-12

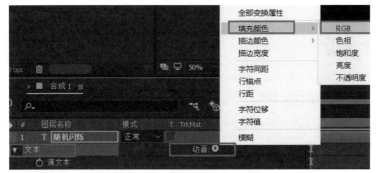

图3-13

图3-14

2. 制作闪烁动画

01 → 再次选择"随机闪烁"图层，在【文本】>【动画】中执行【填充颜色】>【色相】命令，如图3-15所示。

02 → 设置【动画制作工具2】>【范围选择器1】>【填充色相】为0×+0.0°，效果如图3-16所示。

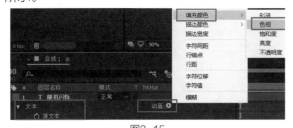

图3-15

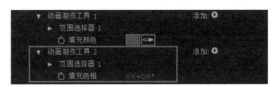

图3-16

03 → 设置色相动画，在0:00:00:00处，单击【动画制作工具2】>【范围选择器1】>【填充颜色】左侧的 (时间变化秒表)图标，设置【填充色相】为0×+0.0°，如图3-17所示。

04 → 拖曳【当前时间指示器】至0:00:04:00处，设置【填充色相】为3×+0.0°，如图3-18所示。

图3-17

图3-18

05 → 查看案例最终效果，如图3-19所示。

图3-19

技术总结

通过本案例，相信读者已经掌握在After Effects 2022软件中制作随机闪烁效果的核心知识点。文本的创建、颜色填充和填充色相动画参数设置，是完成本案例必备的技能。

3.3 活跃干扰

教学视频

素材文件：素材文件 / 第 3 章 /3.3 活跃干扰
案例文件：案例文件 / 第 3 章 /3.3 活跃干扰 .aep
视频教学：视频教学 / 第 3 章 /3.3 活跃干扰 .mp4
技术要点：熟悉【字符间距】【模糊】【Wiggle 表达式】特效命令的使用方法

案例思路

本案例是以图片素材与文本特效命令相结合的方式来展现活跃干扰的效果，包括文本创建、颜色填充、属性中模糊参数的设置、Wiggle表达式表现抖动效果等。

制作步骤

1. 添加文本及背景

01 → 新建项目，设置【预设】为HDV/HDTV 720 25，【持续时间】为0:00:05:00，如图3-20所示。

02 → 单击工具栏上的 **T**(文本工具)，在【合成1】窗口中输入"活跃干扰"，设置【字体样式】为"黑体"，【字体大小】为100，【颜色】为"红色(R:131,G:32,B:21)"，如图3-21所示。

图3-20

图3-21

03 → 双击【项目】面板的空白处，在弹出的【导入文件】对话框中，导入"旧时光1.jpg"作为背景素材，拖曳至时间线面板中，按键盘上的快捷键Ctrl+Alt+F，进行图片素材与合成窗口的大小适配，如图3-22所示。

04 → 查看图片效果，如图3-23所示。

图3-22

图3-23

2. 制作活跃干扰动画

01 → 选择"活跃干扰"图层，在【文本】>【动画】中执行【填充颜色】>【字符间距】命令，如图3-24所示。

02 → 在【动画制作工具1】中执行【属性】>【模糊】命令，添加"模糊"效果，如图3-25所示。

图3-24

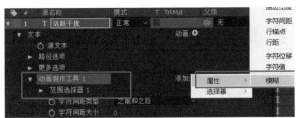

图3-25

03 → 在【动画制作工具1】中执行【属性】>【模糊】命令，添加"模糊"效果，如图3-26所示。

04 → 添加【表达式】，按住键盘上的Alt键，同时单击【模糊】左侧的 (时间变化秒表)图标，在右侧输入wiggle(7,200)，制作抖动效果，如图3-27所示。

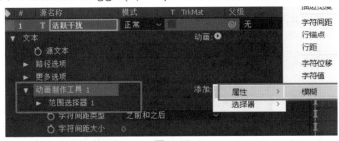

图3-26

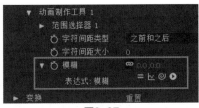

图3-27

05 → 查看案例最终效果，如图3-28所示。

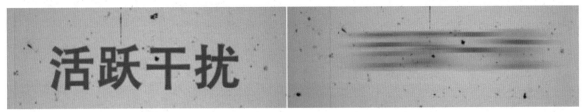

图3-28

技术总结

通过本案例，相信读者对After Effects 2022软件中字符间距、模糊、Wiggle表达式等命令的应用有了深入的了解，为今后制作模糊、表达式效果提供了参考。

3.4 波纹字

教学视频

素材文件：无
案例文件：案例文件 / 第 3 章 /3.4 波纹字 .aep
视频教学：视频教学 / 第 3 章 /3.4 波纹字 .mp4
技术要点：熟悉 Form，以及【高斯模糊】【反转】【色阶】特效命令的使用方法

案例思路

本案例以文本工具与外置粒子插件特效命令相结合的方式来展现波纹字的效果，通过文本创建、颜色填充、Form粒子的参数设置使文字变成颗粒状，再执行【高斯模糊】和【反转】命令，实现柔和的视觉效果，最后利用【色阶】命令进行波纹校色，实现波纹字效果。

制作步骤

1. 制作文本及背景

01 → 新建项目，设置【预设】为HDV/HDTV 720 25，设置【持续时间】为0:00:05:00，如图3-29所示。

02 → 执行【图层】>【新建】>【纯色】命令，在弹出的【纯色设置】对话框中，保持默认设置，如图3-30所示。

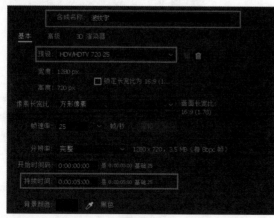

图3-29

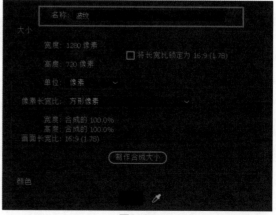

图3-30

03 → 新建合成，设置【合成名称】为"文字"，【宽度】为900px，【高度】为300px，【持续时间】为0:00:05:00，如图3-31所示。

04 → 单击工具栏上的█（文本工具），在【合成】窗口中输入文字"波纹字"，设置【字体样式】为"Adobe 黑体Std"，【字体大小】为"216像素"，文字颜色为"白色(R:255,G:255,B:255)"，如图3-32所示。

05 → 查看画面效果，如图3-33所示。

06 → 回到"波纹字"合成，选择波纹，执行【效果】>【RG Trapcode】>【Form】命令，添加Form外置插件，效果如图3-34所示。

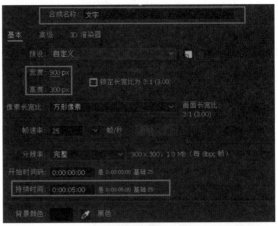

图3-31

图3-32

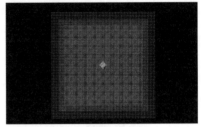

波纹字

图3-33

图3-34

07 → 在【效果控件】面板的Form选项中，设置【基础形式(主要)】>【尺寸】为XYZ独立，如图3-35所示。展开尺寸选项，设置【尺寸 X】为900，【尺寸 Y】为300，【尺寸 Z】为200，【X轴粒子】为800，【Y轴粒子】为300，【Z轴粒子】为1，如图3-36所示。

08 → 设置【粒子】>【尺寸】为1，颜色为"蓝色(H:212,S:75,B:87)"，如图3-37所示。

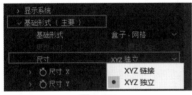

图3-35

图3-36

图3-37

09 → 设置【分形域场(主要)】>【位移】为80，【流动X】为10，【流动Y】为-50，【F 比例】为22.0，如图3-38所示。

10 → 查看图片效果，如图3-39所示。

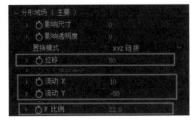

图3-38

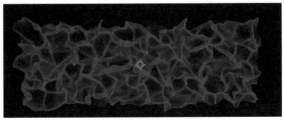

图3-39

2. 波纹字效果合成

01 → 将【项目】面板中的"文字"拖曳至"波纹"下方，选择"文字"，执行【图层】>【预合成】命令，给文字层再叠加一个新的预合成，如图3-40所示。

02 → 选择"波纹"，在【效果控件】面板中，展开【Form】>【图层贴图(主要)】选项，设置【图层】为"2.文字 合成1"，【功能】为"A到A"，【贴图叠加】为XY，取消【文字 合成1】左侧的显示，如图3-41所示。

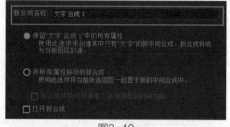

图3-40

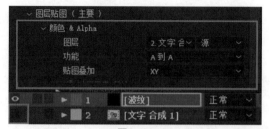

图3-41

03 → 双击"文字 合成1"图层，进入【文字】合成，在空白处右击，然后执行【效果】>【模糊和锐化】>【高斯模糊】命令，设置【高斯模糊】>【模糊度】为34.4，如图3-42所示。

04 → 再次将【项目】面板中的"文字"拖曳至"波纹"下方，选择"文字"，执行【图层】>【预合成】命令，为文字层再添加一个新的预合成，如图3-43所示。

图3-42

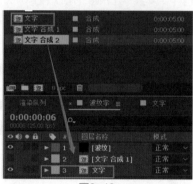

图3-43

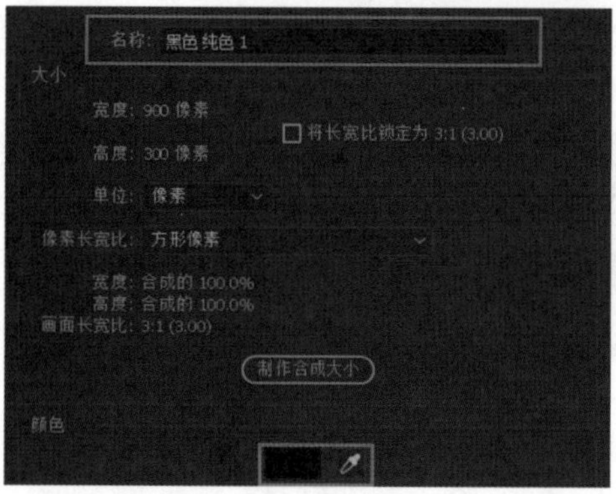

05 → 双击"文字 合成2"图层，进入合成内部，在空白处右击，执行【新建】>【纯色层】命令，设置【颜色】为"黑色"，如图3-44所示。

06 → 将"黑色 纯色1"拖曳至最下方，如图3-45所示。

图3-44

图3-45

07 → 右击执行【新建】>【调整图层】命令，然后执行【效果】>【通道】>【反转】命令，添加【反转】效果，回到"波纹字"，取消"文字 合成2"图层的显示，选择"波纹"，在【效果控件】面板中，展开【Form】>【图层贴图(主要)】>【分形强度】，设置【图层】为"3.文字 合成2"，【贴图叠加】为XY，如图3-46所示。

08 → 回到"文字 合成2"图层，选择"调整图层1"，按键盘上的快捷键Ctrl+D，复制图层并重命名为"调整图层2"，删除【效果控件】>【反转】效果，执行【效果】>【高斯模糊】命令，设置【模糊度】为6.4，勾选"重复边缘像素"复选框，如图3-47所示。

图3-46

09 → 执行【效果】>【色彩校正】>【色阶】命令，设置【输入黑色】为46.0，【输入白色】

为209.0，【灰度系数】为1.11，如图3-48所示。

图3-47　　　　　　　　　　　　　　图3-48

10 → 查看案例最终效果，如图3-49所示。

图3-49

技术总结

通过本案例，相信读者已经掌握了在After Effects 2022软件中制作波纹字的核心知识点，如【高斯模糊】【反转】【色阶】命令的参数设置和应用技巧。

3.5 泡泡字

教学视频

素材文件：无
案例文件：案例文件 / 第 3 章 /3.5 泡泡字 .aep
视频教学：视频教学 / 第 3 章 /3.5 泡泡字 .mp4
技术要点：熟悉 CC Ball Action 特效命令的使用方法

案例思路

本案例以文本工具与After Effects 2022软件中影视特效命令相结合的方式来展现泡泡字的效果，文本创建、颜色填充和CC Ball Action参数设置是完成本案例的关键知识点。

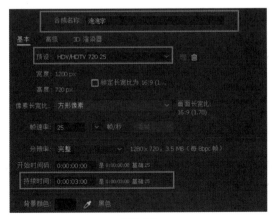

制作步骤

1. 新建文本

01 → 新建项目，设置【预设】为HDV/HDTV720 25，【持续时间】为0:00:03:00，如图3-50所示。

图3-50

02 → 单击工具栏上的 **T**(文本工具)，在【泡泡字】窗口中输入文字"泡泡字"，设置【字体样式】为"Adobe 黑体Std"，【颜色】为"白色(R:255,G:255,B:255)"，如图3-51所示。

03 → 选择"泡泡字"图层，按键盘上的快捷键Ctrl+D，复制新图层，重命名为"泡泡字2"，选择"泡泡字"图层，展开【变换】>【不透明度】选项，在时间线0:00:00:10处，设置【不透明度】为100%，如图3-52所示。

04 → 拖曳【当前时间指示器】至0:00:01:00处，设置【不透明度】为0%，如图3-53所示。

图3-51　　　　　　　　　　　　图3-52　　　　　　　　　　　　图3-53

05 → 选择"泡泡字2"图层，执行【效果】>【模拟】>【CC Ball Action】命令，如图3-54所示。

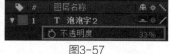

图3-54

2. 制作动画

01 → 选择"泡泡字2"图层，拖曳至时间线0:00:00:10处，设置Scatter为0，Ball Size为100.0，如图3-55所示。

02 → 拖曳【当前时间指示器】至时间线0:00:02:24处，设置Scatter为166.0，Ball Size为200.0，如图3-56所示。

03 → 选择"泡泡字2"图层，展开【变换】>【不透明度】选项，设置【不透明度】为33%，如图3-57所示。

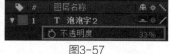

图3-55　　　　　　　　　　　图3-56　　　　　　　　　　　图3-57

04 → 执行【图层】>【新建】>【纯色】命令，设置【宽度】为"1280像素"，【高度】为"720像素"，【颜色】为"淡绿色(R:87,G:255,B:13)"，如图3-58所示。

05 → 查看案例最终效果，如图3-59所示。

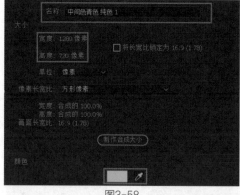

图3-58

图3-59

技术总结

通过本案例，相信读者已经掌握了在After Effects 2022软件中制作泡泡字的核心知识点，其中详细讲述了CC Ball Action的参数设置和应用技巧。

3.6 火焰字

教学视频

素材文件：无
案例文件：案例文件 / 第 3 章 /3.6 火焰字 .aep
视频教学：视频教学 / 第 3 章 /3.6 火焰字 .mp4
技术要点：熟悉外置插件 Saber 的使用方法

案例思路

本案例简单介绍Saber图层的创建及设置方法，使读者对After Effects 2022软件中图层的创建及应用有全面的了解。

制作步骤

01 → 新建项目，设置【预设】为HDV/HDTV 720 25，【持续时间】为0:00:05:00，如图3-60所示。

图3-60

02 → 单击工具栏上的 **T**(文本工具)，在【火焰字】窗口中输入文字"火焰字"，设置【字体样式】为"Adobe 黑体Std"，【字体大小】为187，文字颜色为"白色(R:255,G:255,B:255)"，如图3-61所示。

03 → 执行【图层】>【新建】>【纯色】命令，设置【名称】为"火焰"，【颜色】为"黑色"，如图3-62所示。

图3-61

图3-62

04 → 选择"火焰"图层，执行【效果】>【Video Copilt】>【Saber】命令，设置【Saber】>

【自定义主体】>【主体类型】为"文字图层"，
【文字图层】为"2.火焰字"，如图3-63所示。

05 → 查看画面效果，如图3-64所示。

图3-63

图3-64

06 → 在Saber选项下，设置【预设】为"火焰"，【辉光强度】为18.0%，【辉光伸展】为0.09，【辉光偏差】为0.33，【核心大小】为10.30，如图3-65所示。

07 → 查看案例最终效果，如图3-66所示。

图3-65

图3-66

技术总结

通过本案例，相信读者已经掌握了在After Effects 2022软件中制作火焰字的核心知识点，其中详细讲述了Saber插件的参数设置和应用技巧。

3.7 金属字

教学视频

素材文件：无
案例文件：案例文件 / 第 3 章 /3.7 金属字 .aep
视频教学：视频教学 / 第 3 章 /3.7 金属字 .mp4
技术要点：熟悉【斜面 Alpha】和【色光】特效命令的使用方法

案例思路

本案例详细讲述了After Effects 2022软件中斜面Alpha、色光效果的创建及设置方法。【斜面Alpha】命令能够使普通文本生成仿三维的效果，添加【色光】命令可以对字体进行校色。

制作步骤

01 → 新建项目，设置【预设】为HDV/HDTV 720 25，【持续时间】为0:00:05:00，如图3-67所示。

02 → 单击工具栏上的 **T** (文本工具)，在【金属字】窗口中输入文字"金属字"，设置【字体样式】为"Adobe黑体Std"，【字体大小】为187，文字颜色为"白色(R:255,G:255,B:255)"，如图3-68所示。

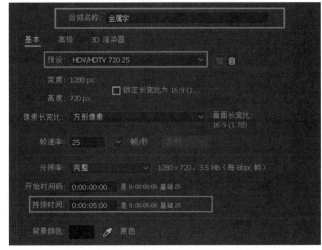

图3-67

03 → 选择"金属字"图层，执行【效果】>【透视】>【斜面Alpha】命令，在【斜面Alpha】选项下，设置【边缘厚度】为6.70，【灯光角度】为0×-60.0°，【灯光颜色】为"白色(R:255,G:255,B:255)"，【灯光强度】为0.40，如图3-69所示。

图3-68

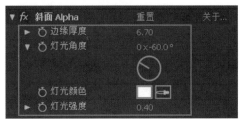

图3-69

04 → 选择"金属字"图层，执行【效果】>【颜色校正】>【色光】命令，在【色光】选项下，设置【使用预设调板】为"金色1"，如图3-70所示。

05 → 查看案例最终效果，如图3-71所示。

图3-70

图3-71

技术总结

通过本案例，相信读者已经掌握了在After Effects 2022软件中制作金属字的核心知识点，其中详细讲述了【斜面Alpha】和【色光】命令的参数设置和应用技巧。

3.8 爆炸字

教学视频

素材文件：素材文件 / 第 3 章 /3.8 爆炸字
案例文件：案例文件 / 第 3 章 /3.8 爆炸字 .aep
视频教学：视频教学 / 第 3 章 /3.8 爆炸字 .mp4
技术要点：熟悉【梯度渐变】、CC Pixel Polly 特效命令的使用方法

案例思路

　　本案例主要介绍CC像素多边形特效的使用，从创建普通的文本开始，设置字体的类型、颜色、大小，利用梯度渐变命令生成文本渐变效果，设置CC像素多边形生成爆炸效果。

制作步骤

1. 设置文本

　　01 → 新建项目，设置【预设】为HDV/HDTV 720 25，【持续时间】为0:00:05:00，如图3-72所示。

　　02 → 单击工具栏上的 T （文本工具），在【爆炸字】窗口中输入文字"爆炸来袭"，在【字符】面板中，设置【字体样式】为"Adobe黑体Std"，【字体大小】为"100像素"，【颜色】为"白色(R:255,G:255,B:255)"，如图3-73所示。

　　03 → 查看画面效果，如图3-74所示。

图3-72

图3-73

图3-74

　　04 → 选择"爆炸来袭"图层，执行【效果】>【生成】>【梯度渐变】命令，设置【渐变起点】为466.0,366.0，【起始颜色】为"土黄色(R:40,G:32,B:0)"，【渐变终点】为460.0,278.0，【结束颜色】为"白色(R:255,G:255,B:255)"，如图3-75所示。

　　05 → 查看画面效果，如图3-76所示。

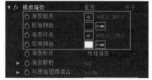

图3-75

图3-76

2. 爆炸效果

01 → 选择"爆炸来袭"图层，执行【效果】>【模拟】>【CC Pixel Polly】命令，设置Force为380.0，Force Center为671.0,330.0，Grid Spacing为2，如图3-77所示。

02 → 查看画面效果，如图3-78所示。

图3-77

图3-78

03 → 双击【项目】面板的空白处，在弹出的【导入文件】对话框中，导入"背景01.jpg"作为背景素材，拖曳至时间线面板"爆炸来袭"图层的下方，如图3-79所示。

图3-79

04 → 查看案例最终效果，如图3-80所示。

图3-80

技术总结

本案例为读者讲解了在After Effects 2022软件中制作爆炸字的核心知识点，其中详细讲述了梯度渐变、CC Pixel Polly的参数设置和应用技巧。

第4章

七彩光线飞舞

本章主要讲解各种光线特效的制作方法，通过对本章案例的学习，读者可以掌握三维光束、转场过渡、描边光线、自由流体光等效果的应用方法。

4.1 三维光束

教学视频

素材文件：无
案例文件：案例文件 / 第 4 章 /4.1 三维光束 .aep
视频教学：视频教学 / 第 4 章 /4.1 三维光束 .mp4
技术要点：熟悉【分形杂色】【贝塞尔曲线变形】【色相 / 饱和度】【发光】特效命令的使用方法

案例思路

本案例主要介绍After Effects 2022软件中三维光束效果的创建及设置方法。【分形杂色】命令形成光束的初始形态，搭配贝塞尔曲线变形使光束产生变化，通过调整色相饱和度进行色彩设置，最后添加发光命令，使三维光束产生光动态。

制作步骤

1. 制作光束

01 → 新建项目，设置【预设】为HDV/HDTV 720 25，【持续时间】为0:00:05:00，如图4-1所示。

02 → 执行【图层】>【新建】>【纯色】命令，设置纯色【名称】为"光束"，【宽度】为"300像素"，【高度】为"900像素"，【颜色】为"黑色"，其他参数默认，如图4-2所示。

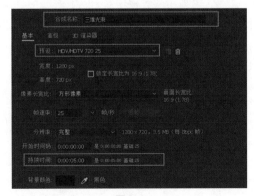

图4-1

03 → 执行【效果】>【杂色和颗粒】>【分形杂色】命令，设置【分形杂色】>【对比度】为531.0，【亮度】为-97.0，取消勾选【统一缩放】复选框，设置【缩放宽度】为70.0，【缩放高度】为3200.0，如图4-3所示。

04 → 执行【效果】>【扭曲】>【贝塞尔曲线变形】命令，设置【上左顶点】为-58.0,34.0，【上左切点】为234.0,26.0，【上右切点】为102.0,38.0，【右上顶点】为586.0,28.0，【右上切点】为222.0,304.0，【右下切点】为342.0,629.9，【下右顶点】为334.0,890.0，【下右切点】为200.0,900.0，【下左顶点】为100.0,900.0，【左下顶点】为-206.0,894.0，【左下切点】为92.0,619.9，【左上切点】为-14.0,354.0，【品质】为10，如图4-4所示。

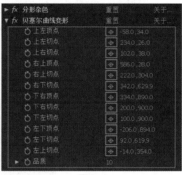

图4-2　　　　　　　　　　图4-3　　　　　　　　　　图4-4

05 → 执行【效果】>【颜色校正】>【色相/饱和度】命令，勾选【彩色化】复选框，设置【着色色相】为0×+243.0°，【着色饱和度】为38，如图4-5所示。

06 → 执行【效果】>【风格化】>【发光】命令，设置【发光半径】为80.0，如图4-6所示。

07 → 再次执行【分形杂色】命令，设置【演化】动画，在时间线0:00:00:00处，设置【演化】为0×+0.0°；拖曳【当前时间指示器】至0:00:04:00处，设置【演化】为1×+0.0°，如图4-7所示。

2. 光束合成

01 → 选择"光束"图层，按键盘上的快捷键Ctrl+D，复制新图层，重命名为"光束1"，如图4-8所示。

02 → 选择"光束1"图层，设置【着色色相】为1×+145.0°，设置颜色为"绿色"，如图4-9所示。

03 → 选择"光束"和"光束1"图层，更改【模式】为"屏幕"，如图4-10所示。

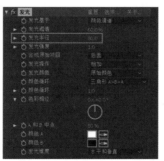

图4-6

图4-5

图4-7

图4-8

图4-9

图4-10

04 → 执行【图层】>【新建】>【摄像机】命令，创建一个摄像机，如图4-11所示。

05 → 选择"光束"和"光束1"图层，选择 (3D图层)图标，在时间线0:00:00:00处，设置【摄像机】的【位置】为-4.0,-78.0,-1041.0，如图4-12所示。

06 → 拖曳【当前时间指示器】至0:00:02:00处，设置【位置】值为565.0,240.0,–720.0，如图4-13所示。

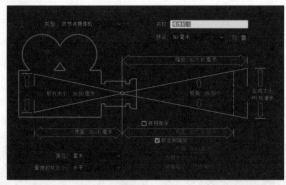

图4-11

图4-12

图4-13

07 → 查看案例最终效果，如图4-14所示。

图4-14

技术总结

本节讲解了使用After Effects 2022软件制作影视特效中三维光束特效的核心知识点，重点内容为【分形杂色】和【贝塞尔曲线变形】等命令的参数设置和应用技巧。

4.2 片段转换

教学视频

素材文件：素材文件 / 第 4 章 /4.2 片段转换
案例文件：案例文件 / 第 4 章 /4.2 片段转换 .aep
视频教学：视频教学 / 第 4 章 /4.2 片段转换 .mp4
技术要点：熟悉【文件与窗口适配】【色相 / 饱和度】【线性擦除】【时间反向图层】特效命令的使用方法

案例思路

本案例以视频素材与影视特效命令相结合的方式展现片段转换的效果，不同文件与窗口适配是影视后期特效中必备的操作，【线性擦除】命令可以对多个视频片段进行起承转合，【时间反向图层】命令实现视频素材的倒放效果。通过学习本节内容，读者能够掌握影视制作常用转场过渡参数的设置和应用技巧。

制作步骤

1. 设置片段

01 → 新建项目，设置【预设】为HDV/HDTV 720 25，【持续时间】为0:00:04:00，如图4-15所示。

02 → 双击【项目】面板的空白处，在弹出的【导入文件】对话框中，导入"片段转换 素材.mov"作为素材，拖曳至时间线面板中，按键盘上的快捷键Ctrl+Alt+F，进行视频与合成窗口大小适配，如图4-16所示。

图4-15

图4-16

03 → 选择"片段转换 素材.mov"，按键盘上的快捷键Ctrl+D进行素材复制，如图4-17所示。

04 → 取消选中"1.片段转换 素材.mov"左侧的 👁 (显示)图标，选择"2.片段转换 素材.mov"，执行【效果】>【颜色校正】>【色相/饱和度】命令，勾选【彩色化】复选框，设置【着色色相】为0×+27.0°，如图4-18所示。

05 → 设置视频过渡效果，选择"1.片段转换 素材.mov"素材，执行【效果】>【过渡】>【线性擦除】命令，将【当前时间指示器】拖曳至0:00:00:15处，设置【过渡完成】为0%；将【当前时间指示器】拖曳至0:00:01:13处，设置【过渡完成】为100%，如图4-19所示。

图4-17

图4-18

图4-19

图4-20

06 → 查看画面效果，如图4-20所示。

2. 反向动画

01 → 选择"1.片段转换 素材"和"2.片段转换 素材"两个图层，如图4-21所示。

02 → 按键盘上的快捷键Ctrl+D，复制新图层，将"3.片段转换 素材"拖曳至"2.片段转换 素材"的上面，如图4-22所示。

图4-21

图4-22

03 → 选择"1.片段转换 素材"和"2.片段转换 素材"图层，拖曳至0:00:01:14处，如图4-23所示。

04 → 再次选择"1.片段转换 素材"和"2.片段转换素材"，执行【图层】>【时间】>【时间反向图层】命令，如图4-24所示。

图4-23

图4-25

05 → 查看案例最终效果，如图4-25所示。

图4-24

技术总结

本节讲解制作片段转换的核心知识点，以及不同文件的大小适配和【线性擦除】命令的参数设置和应用技巧，这些内容实用性强，是电影、电视特效制作中必备的技能。

4.3 描边光线

教学视频

素材文件：素材文件 / 第 4 章 /4.3 描边光线
案例文件：案例文件 / 第 4 章 /4.3 描边光线 .aep
视频教学：视频教学 / 第 4 章 /4.3 描边光线 .mp4
技术要点：熟悉【自动追踪】、3D Stroke、【发光】特效命令的使用方法

案例思路

本案例以图片素材与影视特效命令相结合的方式展现描边光线的效果，对文本图层进行自动追踪使其矢量化，运用3D Stroke命令形成一定的厚度，添加发光特效实现描边光线的效果。通过学习本节内容，读者能够掌握制作描边光线、描边图像等实用技巧。

制作步骤

1. 设置图层

01 → 新建项目，设置【预设】为HDV/HDTV 720 25，【持续时间】为0:00:05:00，如图4-26所示。

图4-26

02 → 单击工具栏上的▢(文本工具)，在【描边光线】窗口中输入GOOD，设置【字体样式】为"黑体"，【字体大小】为187，设置颜色为"白色(R:255,G:255,B:255)"，如图4-27所示。

03 → 选择GOOD文字层，执行【图层】>【自动追踪】命令，使用默认参数，如图4-28所示。

04 → 自动生成"自动追踪的GOOD"图层，如图4-29所示，效果如图4-30所示。

图4-27

图4-28

05 → 执行【图层】>【新建】>【纯色】命令，如图4-31所示。设置【宽度】为"1280像素"，【高度】为"720像素"，【颜色】为"黑色"。

图4-29

图4-30

06 → 展开"自动追踪的GOOD"图层，选择"蒙版1"图层，按键盘上的快捷键Ctrl+X进行剪切，选择"黑色 纯色2"图层，按键盘上的快捷键Ctrl+V进行粘贴，如图4-32所示。

图4-31

图4-32

07 → 按照图层编号，依次选择"蒙版2"至"蒙版7"图层，重复上一步的操作，操作完成后，删除"自动追踪的GOOD"图层，如图4-33~图4-38所示。

图4-33

图4-34

图4-35

图4-36

08 → 锁定"黑色 纯色3"至"黑色 纯色8"图层，并且取消选中👁(显示)图标，如图4-39所示。

图4-37

图4-38

09 → 选择"黑色 纯色2"图层，执行【效果】>【RG Trapcode】>【3D Stroke】命令，设置Color为R:192,G:23,B:101，Thickness为3.0，勾选Taper下的Enable复选框，如图4-40所示。

10 → 在时间线0:00:00:00处，单击Offset左侧的🕐(时间变化秒表)图标，设置Offset为-100.0，如图4-41所示。

图4-39

图4-40

11 → 拖曳【当前时间指示器】至0:00:04:00处，设置Offset为300.0，如图4-42所示。

12 → 选择"黑色 纯色2"图层，执行【效果】>【风格化】>【发光】命令，设置【发光阈值】为14.5%，【发光半径】为77.0，【发光强度】为2.7，如图4-43所示。

图4-41

图4-42

图4-43

13 → 选择"黑色 纯色2"图层，在【效果控件 黑色 纯色2】面板中，选择3D Stroke和【发光】命令，按键盘上的快捷键Ctrl+C进行复制，如图4-44所示。

14 → 依次取消选中"黑色 纯色3"至"黑色 纯色8"图层的🔒(锁定)和👁(显示)图标，对每个图层依次进行粘贴，如图4-45所示。

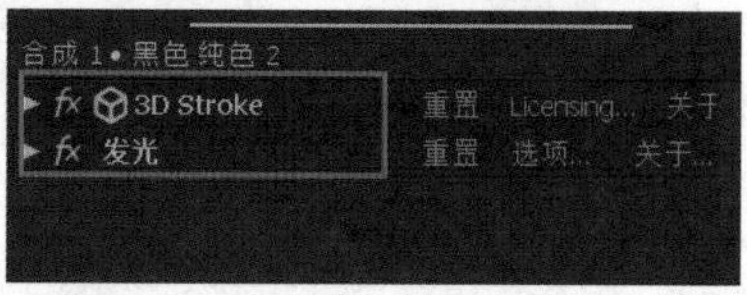

图4-44

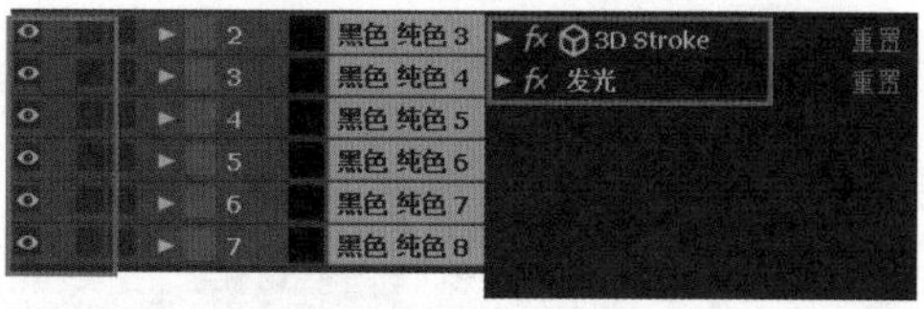

图4-45

2. 后期合成

01 → 选择最下方的GOOD文字层，选择👁(显示)图标，单击工具栏上的⬭(椭圆工具)，绘制蒙版，设置【蒙版羽化】为"97.0像素"，在时间线0:00:02:00处，单击【蒙版扩展】左侧的🕐(时间变化秒表)图标，设置【蒙版扩展】为"-138.0像素"，如图4-46所示。

02 → 拖曳时间线至0:00:04:24处，设置【蒙版扩展】值为"0像素"，如图4-47所示。

图4-46

图4-47

03 → 双击【项目】面板的空白处，查找路径，导入"4.3描边光线.jpg"，将其拖曳至最底层作为背景，如图4-48所示。

04 → 查看案例最终效果，如图4-49所示。

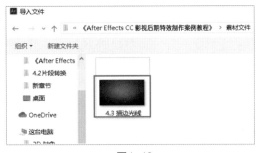

图4-48

图4-49

技术总结

本节讲解了制作"描边光线"案例的核心知识点，以及【自动追踪】、3D Stroke、【发光】命令的参数设置和应用技巧。

4.4 立体网格

教学视频

素材文件：无
案例文件：案例文件 / 第 4 章 /4.4 立体网格 .aep
视频教学：视频教学 / 第 4 章 /4.4 立体网格 .mp4
技术要点：熟悉【网格】【摄像机】【视图布局】【Mask 遮罩】特效命令的使用方法

案例思路

本案例运用After Effects 2022软件中纯色层与3D图层相结合的方式来展现三维立体网格的效果，通过将纯色层转换成3D图层，与摄像机层配合形成三维空间效果，运用特效控件中的网格效果，实现平面网格在三维空间中的应用技巧。

制作步骤

1.制作网格

01 ➡ 新建项目，设置【预设】为HDV/HDTV 720 25，【持续时间】为0:00:05:00，如图4-50所示。

02 ➡ 执行【图层】>【新建】>【纯色】命令，设置【名称】为"网格1"，【宽度】为"1280像素"，【高度】值为"720像素"，【颜色】为"黑色"，如图4-51所示。

图4-50

03 ➡ 选择"网格1"图层，执行【效果】>【生成】>【网格】命令，创建图层网格，如

图4-52所示。

图4-51

图4-53

图4-52

04 → 选择"网格1"图层，选择 ⬡ (3D图层)图标，按键盘上的S键进行缩放，设置【缩放】为40%，如图4-53所示。

05 → 执行【图层】>【新建】>【摄像机】命令，进入【摄像机设置】对话框，直接单击"确定"按钮，如图4-54所示。

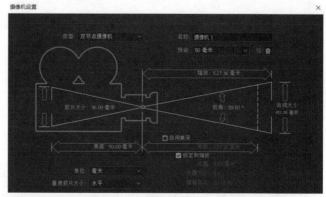

图4-54

06 → 选择【合成 立体网格】窗口，设置【选择视图布局】为"2个视图-水平"，如图4-55所示。

07 → 查看画面效果，如图4-56所示。

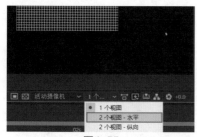

图4-55

图4-56

08 → 单击"网格1"图层，按键盘上的快捷键Ctrl+D两次复制图层，重命名为"网格2"和"网格3"，按键盘上的上、下、左、右键进行微调，如图4-57所示。

09 → 选择"网格3"图层，按键盘上的快捷键Ctrl+D，复制新图层，重命名为"网格4"，调整成长方形，如图4-58所示。

图4-57

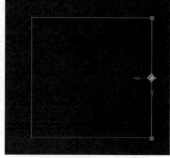

图4-58

10 → 选择"网格1"至"网格4"，如图4-59所示。

11 → 执行【图层】>【预合成】命令，设置【预合成】名称为"网格"，如图4-60所示。

12 → 设置【选择视图布局】为"1个视图"，合成窗口，变成一个窗口，如图4-61所示。

图4-59

图4-60

图4-61

13 → 选择"网格"图层，选择 ⚙ (对于合成图层：折叠变换)和 ◉ (3D图层)图标，如图4-62所示。

14 → 单击工具栏上的 📹(统一摄像机工具)，在【合成 立体网格】窗口中，将网格调整成一定的角度，如图4-63所示。

图4-62

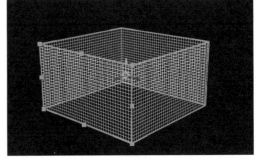

图4-63

2. 效果合成

01 → 执行【图层】>【新建】>【纯色】命令，设置【宽度】为"1280像素"，【高度】为"720像素"，【颜色】为R:203,G:0,B:105，将其拖曳至图层的最下方作为背景，如图4-64所示。

02 → 单击工具栏上的 ⬤(椭圆工具)，绘制遮罩，如图4-65所示。

图4-64

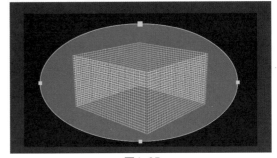

图4-65

03 → 设置【蒙版羽化】为"114.0像素"，【蒙版扩展】为"-7.0像素"，如图4-66所示。

04 → 单击【网格】>【变换】>【Y轴旋转】左侧的 ◷(时间变化秒表)图标，在0:00:00:00处，设置【Y轴旋转】为0×+0.0°，如图4-67所示。

05 → 拖曳【当前时间指示器】至0:00:04:00处，设置【Y轴旋转】为2×+0.0°，如图4-68所示。

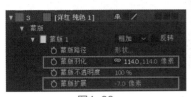

图4-66

图4-67

图4-68

06 → 查看案例最终效果，如图4-69所示。

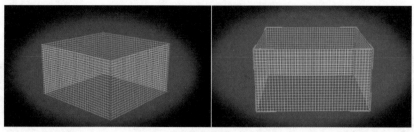

图4-69

技术总结

本案例讲解在After Effects 2022软件中创建网格和摄像机、转换3D图层、选择视图布局、绘制Mask遮罩等的参数设置和应用技巧，为三维空间与摄像机结合制作案例提供了新思路。

4.5 自由流体光

教学视频

素材文件：素材文件 / 第 4 章 /4.5 自由流体光

案例文件：案例文件 / 第 4 章 /4.5 自由流体光 .aep

视频教学：视频教学 / 第 4 章 /4.5 自由流体光 .mp4

技术要点：熟悉 3D Stroke、Starglow 特效命令的使用方法

案例思路

本案例采用图片素材与光效命令相结合的方式进行制作，通过选取城市背景素材，使用钢笔工具绘制遮罩路径，添加3D Stroke命令，生成带有白色路径的线条，设置摄像机参数，形成多条灯光路径，借助外置插件参数设置完成该案例的动态效果。

制作步骤

1. 创建流体光的外形

01 → 新建项目，设置【预设】为HDV/HDTV 720 25，【持续时间】为0:00:05:00，如图4-70所示。

02 → 双击【项目】面板空白处，查找路径，导入"自由流体光背景.jpg"作为素材，将其拖曳至时间线面板中作为背景，并且按键盘上的快捷键Ctrl+Alt+F进行适配，如图4-71所示。

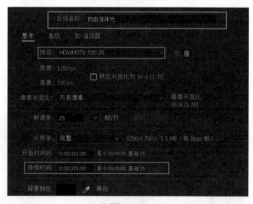

图4-70

03 → 执行【图层】>【新建】>【纯色】命令，设置【宽度】为"1280像素"，【高度】为

"720像素"，其他参数默认，设置纯色层【名称】为"自由流体光"，如图4-72所示。

图4-71

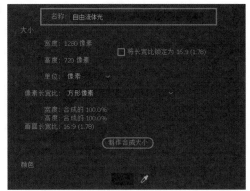

图4-72

04 → 选择"自由流体光"图层，取消选中左侧的 ◉(显示)图标，单击工具栏上的 ✎(钢笔工具)，沿图像上的道路绘制遮罩，绘制完成后，重新选择左侧的 ◉(显示)图标，如图4-73所示。

05 → 执行【效果】>【RG Trapcode】>【3D Stroke】命令，设置Color为R:243,G:84, B:7，Thickness为2.0，Taper为Enable，Repeater为Enable，X Displace为2.0，Z Displace为20.0，如图4-74所示。

06 → 查看画面效果，如图4-75所示。

图4-73

图4-74

图4-75

图4-77

07 → 执行【图层】>【新建】>【摄像机】命令，在弹出的对话框中设置【预设】为"15毫米"，单击工具栏上的 ▣(统一摄像机工具)，调整光线的显示方式，如图4-76所示。

08 → 查看画面效果，如图4-77所示。

图4-76

2. 添加Starglow特效

01 → 选择"自由流体光"图层，执行【效果】>【RG Trapcode】>【Starglow】命令，设置Preset为Red，如图4-78所示。

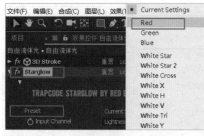

02 → 设置PreProcess > Threshold为0，如图4-79所示；设置Boost Light为2.0，如图4-80所示。

03 → 查看画面效果，如图4-81所示。

图4-78　　　　　　　图4-79　　　　　　　图4-80

04 → 展开3D Stroke选项，在时间线0:00:00:00处，设置Offset为0，勾选Loop复选框，如图4-82所示。

图4-81　　　　　　　　　　　　　图4-82

05 → 拖曳时间线至0:00:03:00处，设置Offset为720.0，如图4-83所示。

06 → 查看案例最终效果，如图4-84所示。

图4-83　　　　　　　　　　　　图4-84

技术总结

本节讲解了在After Effects 2022软件中运用3D Stroke、Starglow等效果的参数设置和应用技巧，掌握这些技术能够轻松制作出光轨效果。

4.6 路径粒子光

教学视频

素材文件：无

案例文件：案例文件 / 第 4 章 /4.6 路径粒子光 .aep

视频教学：视频教学 / 第 4 章 /4.6 路径粒子光 .mp4

技术要点：熟悉【勾画】和【湍流置换】特效命令的使用方法

案例思路

本案例主要讲解路径粒子光效果的制作方法。通过创建纯色图层，运用钢笔工具绘制Mask遮罩，添加勾画效果形成动态路径，添加扭曲中的湍流置换效果进行润色，形成真实的、凹凸不平的动态效果，从而实现案例效果。

制作步骤

1. 制作粒子光

01 → 新建项目，设置【预设】为HDV/HDTV 720 25，【持续时间】为0:00:05:00，如图4-85所示。

02 → 执行【图层】>【新建】>【纯色】命令，设置【名称】为"黑色 纯色1"，如图4-86所示。

图4-85

图4-86

03 → 单击工具栏上的 ，在【合成】窗口中绘制光效路径，如图4-87所示。

04 → 执行【效果】>【生成】>【勾画】命令，设置【描边】为"蒙版/路径"，【片段】为1，【宽度】为4.80，【中点不透明度】为-0.260，【中点位置】为0.433，【旋转】为0×-348.0°，如图4-88所示。

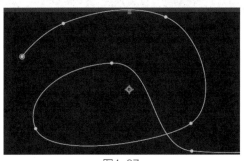

图4-87

图4-88

05 → 选择"黑色 纯色1"图层，设置【旋转】动画，在时间线0:00:00:00处，设置【旋转】为0×-7.0°，如图4-89所示。

06 → 拖曳时间线至0:00:04:00处，设置【旋转】为0×-348.0°，如图4-90所示。

07 → 选择"黑色 纯色1"图层，按键盘上的快捷键Ctrl+D，复制新图层，重命名为"黑色 纯色2"，选择"黑色 纯色2"图层，更改【模式】为"相加"，如图4-91所示。

图4-89

图4-90

图4-91

08 → 选择"黑色 纯色2"图层，设置【勾画】效果中的【长度】为0.090，【颜色】为R:0,G:44,B:255，【宽度】为38.50，如图4-92所示。

2. 粒子光合成

01 → 新建项目，设置【预设】为HDV/HDTV 720 25，【合成名称】为"路径粒子光总合成"，【持续时间】为0:00:05:00，如图4-93所示。

02 → 将"路径粒子光"从【项目】面板中拖曳至"路径粒子光总合成"中，如图4-94所示。

图4-92

图4-93

图4-94

03 → 执行【效果】>【扭曲】>【湍流置换】命令，设置【数量】为98.0，【大小】为22.0，如图4-95所示。

04 → 查看案例最终效果，如图4-96所示。

图4-95

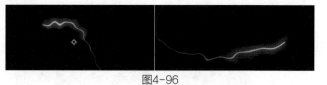
图4-96

技术总结

本案例从技术层面上介绍了在After Effects 2022软件中运用钢笔工具创建Mask路径、设置勾画效果、添加湍流置换等参数的技巧，为今后制作真实的路径光效提供了参考。

4.7 魔法球

教学视频

素材文件：素材文件 / 第 4 章 /4.7 魔法球
案例文件：案例文件 / 第 4 章 /4.7 魔法球 .aep
视频教学：视频教学 / 第 4 章 /4.7 魔法球 .mp4
技术要点：熟悉 CC Particle World、【色调】、CC Vector Blur、【发光】和【闪光】特效命令的使用方法

案例思路

本案例以图片素材与影视特效命令相结合的方式来展现魔法球的效果，利用纯色层的特点，添加CC Particle World特效，生成发射的粒子，运用矢量模糊和色调命令调整粒子的视觉效果，设置发光、闪光特效命令，实现魔法球的动态效果。

制作步骤

1.魔法球效果

01 → 新建项目，设置【预设】为HDV/HDTV 720 25，【持续时间】为0:00:05:00，如图4-97所示。

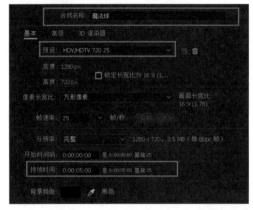

图4-97

图4-99

06 → 选择"魔法燃烧"图层，执行【效果】>【颜色校正】>【色调】命令，设置【色调】>【将黑色映射到】为(R:189,G:0,B:183)，如图4-102所示。

02 → 执行【图层】>【新建】>【纯色】命令，如图4-98所示。设置【宽度】为1280px，【高度】为720px，【名称】为"魔法燃烧"，【颜色】为"黑色"。

03 → 选择"魔法燃烧"图层，执行【效果】>【模拟】>【CC Particle World】命令，设置Birth Rate为1.0，Longevity为1.00，在Physics选项中设置Velocity为0.30，Gravity为0，如图4-99所示。

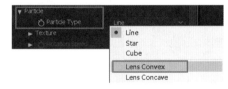

图4-98

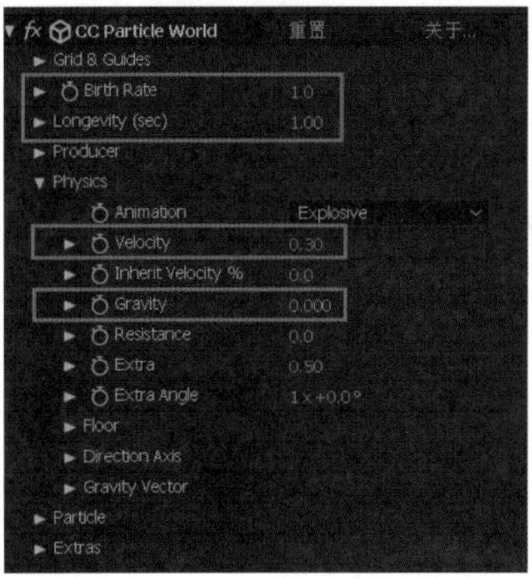

04 → 设置【Particle】>【Particle Type】为Lens Convex，如图4-100所示。

05 → 单击【魔法球】合成窗口下方的██(切换透明网格)按钮，显示粒子效果，如图4-101所示。

图4-100

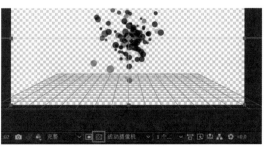

图4-101

07 → 选择"魔法燃烧"图层，执行【效果】>【模糊&锐化】>【CC Vector Blur】命令，设置Amount为30.0，如图4-103所示。

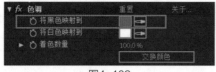

图4-102　　　　　　　　　　　　图4-103

08 → 执行【效果】>【风格化】>【发光】命令，设置【发光阈值】为17.6%，【发光半径】为131.0，【发光强度】为0.5，【颜色A】为R:203,G:0,B:59，如图4-104所示。

09 → 选择"魔法燃烧"图层，执行【效果】>【过时】>【闪光】命令，设置【起始点】为566.0,247.0，【结束点】为747.0,503.0，【区段】为10，【振幅】为18.800，【细节级别】为4，【速度】为2，【外部颜色】为R:251,G:54,B:223，【内部颜色】为R:188,G:0,B:193，如图4-105所示。

图4-104　　　　　　　　　　　　图4-105

10 → 执行【图层】>【新建】>【纯色】命令，设置【宽度】为"1280像素"，【高度】为"720像素"，【名称】为"魔法球"，【颜色】为"紫罗兰色(R:188,G:0,B:182)"，如图4-106所示。

11 → 单击工具栏上的▣(椭圆工具)，在【合成 魔法球】窗口中，绘制椭圆形蒙版，如图4-107所示。

12 → 选择"蒙版1"，按键盘上的快捷键Ctrl+D，复制出"蒙版2"，如图4-108所示。

13 → 在【合成 魔法球】窗口中，双击"蒙版2"，把外形变小一些，如图4-109所示。

图4-106　　　　　　　　　　　　图4-107

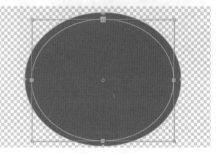

图4-108　　　　　　　　　　　　图4-109

14 → 设置"蒙版2"的计算方式为"相减"，【蒙版羽化】为"199.0像素"，【蒙版扩展】为"-37.0像素"，如图4-110所示。

15 → 查看画面效果，如图4-111所示。

2. 魔法球合成

01 → 选择"魔法球"和"魔法燃烧"两个图层，如图4-112所示。

图4-110

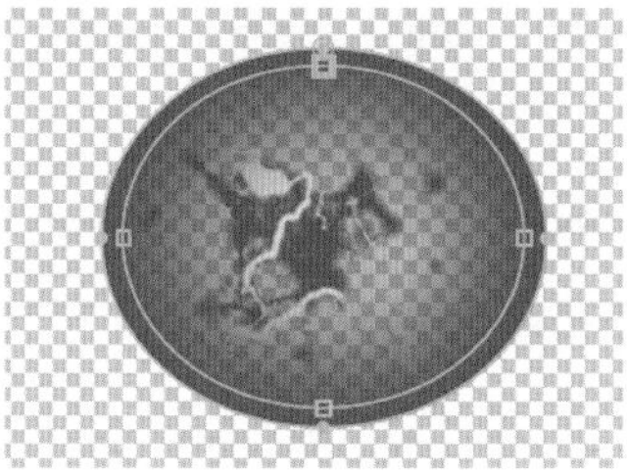

图4-111

图4-112

02 → 执行【图层】>【预合成】命令，设置【新合成名称】为"魔法球合成"，如图4-113所示。

03 → 双击【项目】面板的空白处，导入"超人"和"魔法背景"作为素材，拖曳至时间线面板最下方，如图4-114所示。

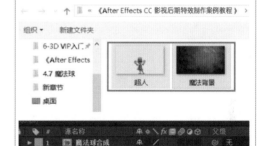

图4-113

图4-114

04 → 查看画面效果，如图4-115所示。

05 → 选择"魔法球合成"图层，按键盘上的S键，设置【缩放】为55.0%，如图4-116所示。

06 → 查看案例最终效果，如图4-117所示。

图4-115

图4-116

图4-117

技术总结

本案例讲解了在After Effects 2022软件中对于粒子、色调、矢量模糊、发光、闪光等效果参数的设置技巧。学习本案例，可以帮助读者更好地完成日常工作中一些复杂的项目。

第5章

音频特效

本章主要讲解音频特效的制作，通过对本章案例的学习，读者可以掌握背景闪烁、音频波形、音频振幅等编辑声音的方法。

5.1 背景闪烁

教学视频

素材文件：素材文件 / 第 5 章 /5.1 背景闪烁
案例文件：案例文件 / 第 5 章 /5.1 背景闪烁 .aep
视频教学：视频教学 / 第 5 章 /5.1 背景闪烁 .mp4
技术要点：熟悉【音频波形】【将音频转换为关键帧】【色相 / 饱和度】【表达式】特效命令的综合运用

案例思路

本案例主要介绍音频波形和音频关键帧效果，主要思路是通过椭圆工具绘制图形赋予音频波形形态，将音频波形转换为关键帧，生成音频振幅层，设置表达式使音频波形能根据音频的节奏展示不同的视觉效果。

制作步骤

01 新建项目，设置【预设】为HDV/HDTV 720 25，【持续时间】为0:00:20:00，如图5-1所示。

02 双击【项目】面板的空白处，在弹出的【导入文件】对话框中，导入"5.1 music"作为素材文件，拖曳音频文件至时间线面板上，如图5-2所示。

图5-1

03 → 执行【图层】>【新建】>【纯色】命令，设置【名称】为"遮罩"，【颜色】为R:188,G:0,B:182，单击工具栏上的 ⬭(椭圆工具)，在【合成 背景闪烁】窗口中绘制椭圆遮罩，如图5-3所示。

图5-2

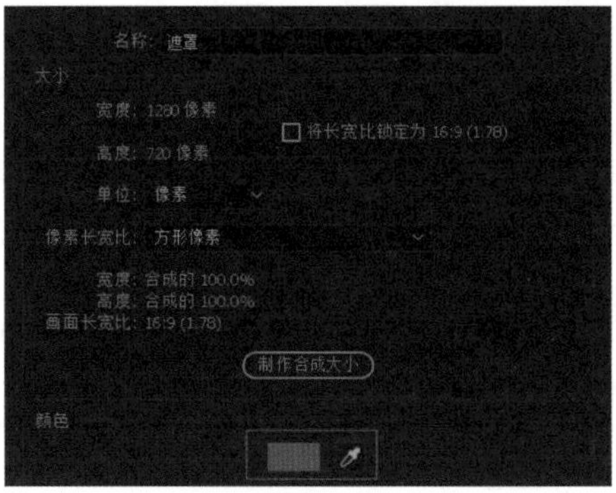

图5-3

04 → 选择"遮罩"图层，执行【效果】>【生成】>【音频波形】命令，设置【音频波形】>【音频层】为2.5.1music.mp3，【路径】为"蒙版1"，如图5-4所示。

05 → 查看画面效果，如图5-5所示。

06 → 选择5.1 music.mp3图层，执行【动画】>【关键帧辅助】>【将音频转换为关键帧】命令，自动生成新图层，如图5-6所示。

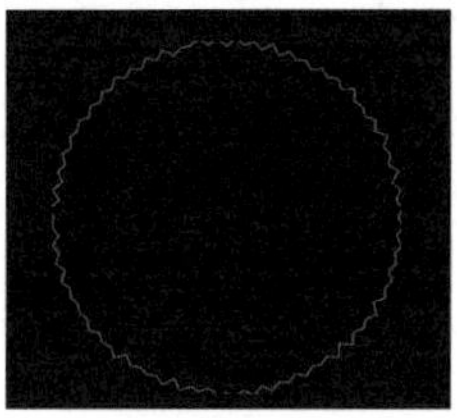

图5-4

图5-5

图5-6

07 → 执行【图层】>【新建】>【调整图层1】命令，选择"调整图层1"，如图5-7所示。

08 → 执行【效果】>【色彩校正】>【色相/饱和度】命令，勾选【彩色化】复选框，设置【着色饱和度】为100，按住键盘上的Alt键，单击【着色色相】左侧的 🕐 (时间变化秒表)图标，如图5-8所示。

09 → 输入表达式为 "thisComp.layer("音频振幅").effect("两个通道")("滑块")*50"，如图5-9所示。

图5-7

图5-8

图5-9

10 → 执行【效果】>【风格化】>【发光】命令，设置【发光阈值】为26.0%，【发光半径】为51.0，如图5-10所示。

11 → 返回到【项目】面板，将"背景闪烁"图层拖曳至 🖼(新建合成)图标上，如图5-11所示。

12 → 选择"背景闪烁"图层，执行【效果】>【时间】>【残影】命令，设置如图5-12所示。

图5-10

图5-11

图5-12

13 执行【图层】>【新建】>【调整图层】命令，如图5-13所示；执行【效果】>【RG Trapcode】>【Starglow】命令，如图5-14所示。

图5-13 　　　　　　　　　　　　　　　　　　图5-14

14 查看案例最终效果，如图5-15所示。

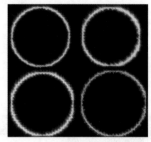

技术总结

本案例讲解使用After Effects 2022软件制作背景闪烁效果的方法，将表达式与音频波形命令相结合，使声音与画面波形更加匹配。

图5-15

5.2 飞舞线条

教学视频

素材文件：素材文件 / 第 5 章 /5.2 飞舞线条
案例文件：案例文件 / 第 5 章 /5.2 飞舞线条 .aep
视频教学：视频教学 / 第 5 章 /5.2 飞舞线条 .mp4
技术要点：熟悉【将音频转换为关键帧】、Particular、【表达式】特效命令的综合运用

案例思路

本案例讲解制作七彩飞舞线条的效果，通过将音频文件转换为关键帧命令，配合外置粒子插件、添加表达式，使粒子生成色彩斑斓的音频波形。

制作步骤

1. 创建飞舞线条

01 新建项目，设置【预设】为HDV/HDTV 720 25，【持续时间】为0:00:15:00，如图5-16所示。

02 双击【项目】面板的空白处，在弹出的【导入文件】对话框中查找路径，导入5.2 music.mp3作为素材，拖曳至时间线面板上，如图5-17所示。

03 选择5.2 music.mp3图层，执行【动画】>【关键帧辅助】>【将音频转换为关键帧】命令，如图5-18所示。

04 → 自动生成"音频振幅"图层，关闭左侧的 👁(显示)图标，如图5-19所示。

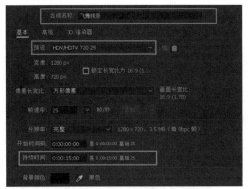

图5-16

05 → 执行【图层】>【新建】>【纯色】命令，如图5-20所示，默认参数。

06 → 执行【效果】>【RG Trapcode】>【Particular】命令，建立粒子层，设置如图5-21所示。

图5-17

图5-18

图5-19

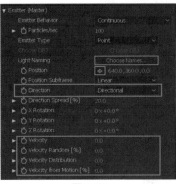

图5-20

图5-21

07 → 在Emitter(Master)选项中，设置Direction为Directional，Velocity为0，Velocity Random[%]为0，Velocity Distribution为0，Velocity from Motion[%]为0，如图5-22所示。

08 → 设置Particle(Master)> Life[sec]为5.0，Set Color为Over Life，如图5-23所示。

09 → 在Physics(Master)选项下，设置Wind X为-5.0，Wind Y为-60.0，Wind Z为-10.0，Turbulence Field > Affect Size为2.0，如图5-24所示。

图5-22　　　　　　图5-23　　　　　　　图5-24

2. 制作飞舞线条动画

01 → 设置Emitter(Master) > Position动画，在时间线0:00:00:00处，设置Position为100.0,440.0,0.0，如图5-25所示。拖曳【当前时间指示器】至0:00:04:00处，设置Position为974.0,606.0,0.0；拖曳【当前时间指示器】至0:00:10:00处，设置Position为588.0, 180.0,0.0。

02 → 在Aux System(Master)选项中，设置Emit为

图5-25

Continuously，Particles/sec为4，Life[sec]为8.0，Type为Sphere，如图5-26所示。

03 → 设置Size over Life为"第四种"，如图5-27所示；设置Opacity over Life为"第四种"，如图5-28所示；设置Set Color为Over Life，效果如图5-29所示。

图5-26　　　　　　　　　　图5-27　　　　　　　　　　图5-28

04 → 在Physics(Master)选项中，按住Alt键单击Wind Y左侧的(时间变化秒表)图标，输入表达式"thisComp.layer("音频振幅").effect("两个通道")("滑块") *-2"，设置Aux System(Master) > Physics(Air mode only) > Turbulence Position，如图5-30所示。

图5-29

05 → 按住Alt键，单击Turbulence Position(湍流位置)左侧的(时间变化秒表)图标，输入表达式"thisComp.layer("音频振幅").effect("两个通道")("滑块")*130"，如图5-31所示。

图5-30

图5-31

06 → 查看案例最终效果，如图5-32所示。

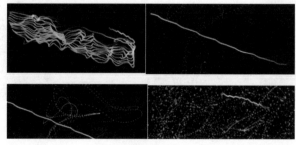

图5-32

技术总结

本节讲解在After Effects 2022软件中制作飞舞线条特效的方法，将表达式与外置粒子效果相配合，使声音与画面波形更加逼真。

教学视频

5.3　动感节奏

....

素材文件：素材文件 / 第 5 章 /5.3 动感节奏
案例文件：案例文件 / 第 5 章 /5.3 动感节奏 .aep
视频教学：视频教学 / 第 5 章 /5.3 动感节奏 .mp4
技术要点：熟悉【将音频转换为关键帧】【分形杂色】【马赛克】【网格】【色相 / 饱和度】
特效命令的使用方法

案例思路

　　本案例通过音频素材与分形杂色、网格命令的结合，使纯色背景生成马赛克的效果，辅以网格
命令使马赛克效果更加突出，最后设置色相/饱和度效果使画面呈现不同的色彩感觉。

制作步骤

1. 杂色效果

　　01 ➡ 新建项目，设置【预设】为HDV/HDTV 720 25，【持续时间】为0:00:15:00，如
图5-33所示。

　　02 ➡ 双击【项目】面板的空白处，在弹出的【导入文件】对话框中，导入5.3 music.mp3作
为素材，拖曳至时间线面板中，如图5-34所示。

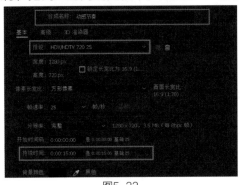

图5-33

图5-34

　　03 ➡ 选择5.2 music.mp3图层，执行【动画】>【关键帧辅助】>【将音频转换为关键帧】命
令，自动生成新图层，如图5-35所示。

　　04 ➡ 执行【图层】>【新建】>【纯色】命令，如
图5-36所示。设置【宽度】为"1280像素"，【高度】
为"720像素"，【颜色】为"黑色"。

　　05 ➡ 执行【效果】>【杂色和颗粒】>【分形杂
色】命令，如图5-37所示。

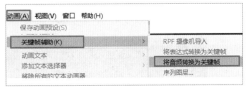

图5-35

图5-36   图5-37

06 设置【分形杂色】>【演化】动画，在时间线0:00:00:00处，设置【演化】为0×+0.0°，拖曳【当前时间指示器】至0:00:14:00处，设置【演化】为10×+0.0°，效果如图5-38所示。

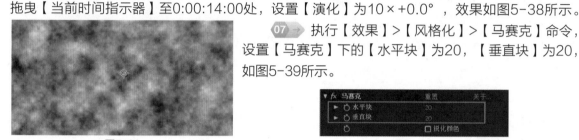

07 执行【效果】>【风格化】>【马赛克】命令，设置【马赛克】下的【水平块】为20，【垂直块】为20，如图5-39所示。

图5-38   图5-39

2. 网格效果

01 执行【效果】>【生成】>【网格】命令，设置【边界】为10.0，勾选【反转网格】复选框，设置【混合模式】为"模板Alpha"，如图5-40所示。

02 查看画面效果，如图5-41所示。

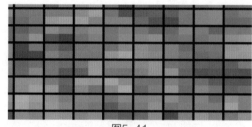

图5-40   图5-41

03 执行【效果】>【颜色校正】>【色相/饱和度】命令，设置【着色色相】为0×+180.0°，【着色饱和度】为60，【着色亮度】为-10，如图5-42所示。

04 查看画面效果，如图5-43所示。

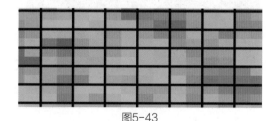

图5-42   图5-43

05 设置【着色色相】表达式，按住Alt键单击【着色色相】左侧的（时间变化秒表）图标，输入表达式"thisComp.layer("音频振幅").effect("两个通道")("滑块") *10"，如图5-44所示。

06 查看画面效果，如图5-45所示。

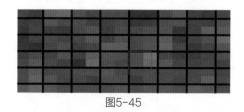

图5-44   图5-45

07 → 选择"黑色 纯色1"图层,按键盘上的快捷键Ctrl+D进行复制,并重命名为"黑色 纯色2",设置"黑色 纯色2"图层的混合模式为"叠加",如图5-46所示。

08 → 设置【分形杂色】>【对比度】为220.0,【亮度】为-10.0,如图5-47所示。

图5-46   图5-47

09 → 查看案例最终效果,如图5-48所示。

图5-48

技术总结

本案例介绍了通过音频关键帧与分形杂色制作动感节奏效果的方法,技巧点是色相/饱和度效果与声音节奏点的同步性设置,在此基础上分配4种颜色,使画面更具视觉冲击力。

5.4 频谱效果

教学视频

素材文件: 素材文件 / 第 5 章 /5.4 频谱效果
案例文件: 案例文件 / 第 5 章 /5.4 频谱效果 .aep
视频教学: 视频教学 / 第 5 章 /5.4 频谱效果 .mp4
技术要点: 熟悉【音频频谱】【径向模糊】【四色渐变】特效命令的使用方法

案例思路

本案例以音频素材与影视特效命令相结合的方式展现频谱效果,通过导入音频素材生成音频频谱层,根据音频设置音频频谱层效果,径向模糊命令使音频画面效果变得柔和,四色渐变命令使频谱呈现渐变效果。

制作步骤

01 → 新建项目，设置【预设】为HDV/HDTV 720 25，【持续时间】为0:00:08:00，如图5-49所示。

02 → 双击【项目】面板的空白处，在弹出的【导入文件】对话框中，导入5.4 music.mp3作为素材，拖曳至时间线面板中，如图5-50所示。

图5-49

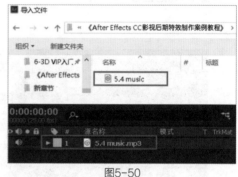

图5-50

03 → 执行【图层】>【新建】>【纯色】命令，设置【名称】为"音频线"，其他参数默认，如图5-51所示。

04 → 执行【效果】>【生成】>【音频频谱】命令，设置【音频层】为5.4 music.mp3，【频段】为30，【最大高度】为5500.0，【音频持续时间(毫秒)】为70.00，【厚度】为10.00，如图5-52所示。

图5-51

图5-52

05 → 执行【效果】>【模糊和锐化】>【径向模糊】命令，设置【数量】为20.0，【消除锯齿(最佳品质)】为"高"，如图5-53所示。

06 → 执行【效果】>【生成】>【四色渐变】命令，参数默认，如图5-54所示。

07 → 查看案例最终效果，如图5-55所示。

图5-53

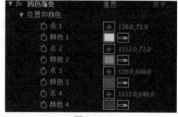

图5-54

图5-55

技术总结

本案例讲解在After Effects 2022软件中使用频谱效果的方法，案例中巧妙地将音频频谱的效果加入径向模糊进行表现，利用四色渐变命令使频谱效果得到完美呈现。读者应尽可能地做好每一步效果，为项目制作积累良好的素材。

5.5 音画合成

教学视频

素材文件：素材文件 / 第 5 章 /5.5 音画合成
案例文件：案例文件 / 第 5 章 /5.5 音画合成 .aep
视频教学：视频教学 / 第 5 章 /5.5 音画合成 .mp4
技术要点：熟悉【跟踪摄像机】和【音频频谱】特效命令的使用方法

案例思路

本案例介绍3D摄像机跟踪效果的制作，通过导入实拍素材，设置摄像机跟踪点，选取跟踪区域创建实底和摄像机，导入音频生成音频频谱层，使画面呈现出真实环境下的音画合成效果。

制作步骤

1. 创建3D摄像机追踪

01 → 新建项目，设置【预设】为HDV/HDTV 720 25，【持续时间】为0:00:08:00，如图5-56所示。

02 → 双击【项目】面板的空白处，导入"5.5画面""5.5声音"作为素材文件，将其拖曳至时间线面板中，如图5-57所示。

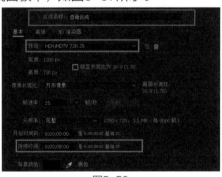
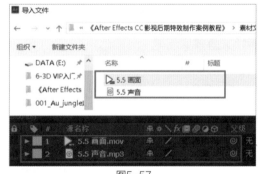

图5-56　　　　　　　　　　　　　　　　图5-57

03 → 选择"5.5画面"，执行【动画】>【跟踪摄像机】命令，如图5-58所示。

04 → 等待几分钟后，【音画合成】窗口出现许多颜色的跟踪点，如图5-59所示。

05 → 使用鼠标左键在【音画合成】窗口中选择这些跟踪点，如图5-60所示。

图5-58

06 → 单击鼠标右键，在快捷菜单中执行【创建实底和摄像机】命令，得到"跟踪实底1"和"3D跟踪器摄像机"，如图5-61所示。

图5-59

图5-60

图5-61

图5-62

07 ➡ 查看画面效果，如图5-62所示。

08 ➡ 选择"跟踪实底1"图层，执行【图层】>【纯色设置】命令，设置【宽度】为"849像素"，【高度】为"365像素"，如图5-63所示。

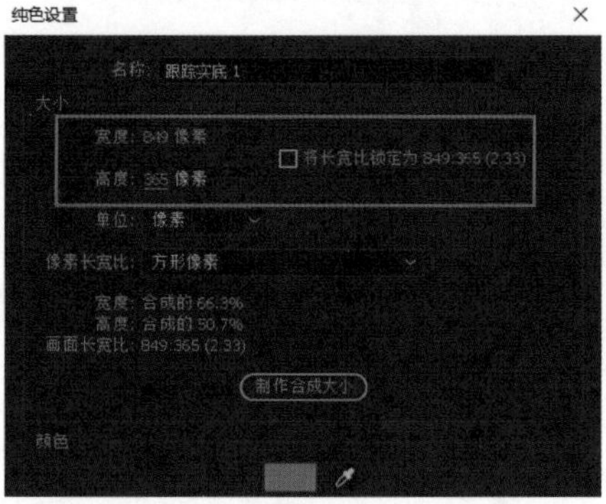

09 ➡ 设置【跟踪实底1】的【变换】选项，设置【位置】为945.7,388.7,-79.1，【方向】为312.6°,352.4°,327.8°，如图5-64所示。

图5-63

图5-64

10 ➡ 查看画面效果，如图5-65所示。

2. 制作音画合成效果

01 ➡ 选择"跟踪实底1"图层，执行【效果】>【生成】>【音频频谱】命令，设置【音频层】为"5.5 声音.mp3"，【最大高度】为3590.0，【厚度】为16.20，【柔和度】为0.0%，【面选项】为"A面"，如图5-66所示。

02 ➡ 查看画面效果，如图5-67所示。

图5-65

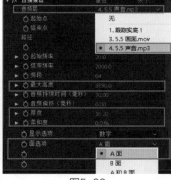

图5-66

图5-67

03 选择"跟踪实底1"图层,设置【变换】>
【X轴旋转】为0×+90.0,如图5-68所示,效果如
图5-69所示。

图5-68

04 选择"跟踪实底1"图层,按键盘上的快捷键Ctrl+D进行复制,设置【变换】>【位置】为
899.5,334.2,-29.0,如图5-70所示。

05 查看案例最终效果,如图5-71所示。

图5-69

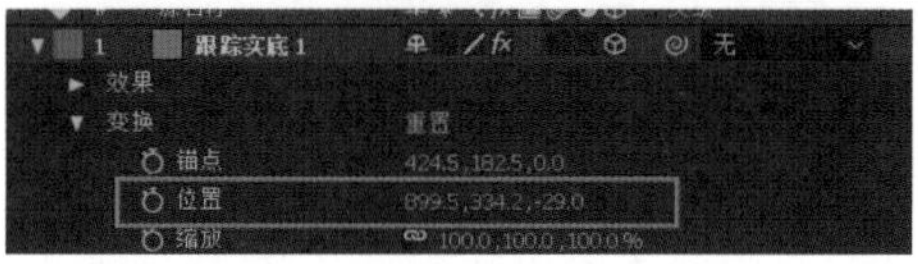

图5-70

图5-71

技术总结

3D跟踪摄像机是After Effects 2022软件推出的新功能,不仅可以追踪实拍的视频素材,也可
以进行音画合成效果的制作,应用非常广泛。

5.6 彩条波动

教学视频

素材文件:素材文件 / 第 5 章 /5.6 彩条波动
案例文件:案例文件 / 第 5 章 /5.6 彩条波动 .aep
视频教学:视频教学 / 第 5 章 /5.6 彩条波动 .mp4
技术要点:熟悉【音频频谱】特效命令的使用方法

案例思路

本案例的制作思路是通过导入音频素材,添加音频频谱效果,设置音频频谱参数,使画面呈现
彩条波动效果。

制作步骤

01 新建项目,设置【预设】HDV/HDTV 720 25,【持续时间】为0:00:08:00,如
图5-72所示。

02 双击【项目】面板的空白处，导入5.6 music作为素材文件，将其拖曳至时间线面板中，如图5-73所示。

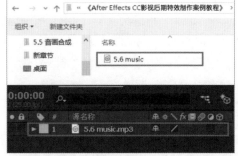

图5-72　　　　　　　　　　　　　　　　图5-73

03 执行【图层】>【新建】>【纯色】命令，设置【名称】为"彩条波动"，【宽度】为"1280像素"，【高度】为"720像素"，如图5-74所示。

04 执行【效果】>【生成】>【音频频谱】命令，设置【音频层】为5.6 music.mp3，【起始点】为136.0,560.0，【结束点】为1152.0,556.0，【起始频率】为101.0，【结束频率】为401.0，【频段】为20，【最大高度】为5870.0，【音频持续时间(毫秒)】为110.00，【厚度】为46.70，【柔和度】为0.0%，如图5-75所示。

05 设置【色相插值】为0×+139.0°，设置【面选项】为"A面"，如图5-76所示。

图5-74　　　　　　　　　图5-75　　　　　　　　　图5-76

06 查看案例最终效果，如图5-77所示。

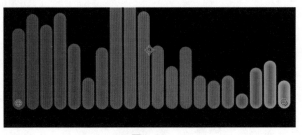

图5-77

技术总结

本案例介绍了音频频谱效果的详细用法，其中一个重要的制作技巧，是通过调节色相插值的方式调节音符彩条的颜色。

第6章

色彩空间与粒子光

本章主要讲解色彩空间与粒子光的制作，通过对本章案例的学习，读者可以掌握视频校色、插件粒子效果、皮肤美颜和动态遮罩的制作方法。

6.1 旧时光

教学视频

素材文件：素材文件 / 第 6 章 /6.1 旧时光
案例文件：案例文件 / 第 6 章 /6.1 旧时光 .aep
视频教学：视频教学 / 第 6 章 /6.1 旧时光 .mp4
技术要点：熟悉【曲线】【Mask 遮罩】【快速模糊】【图层模式】【色相 / 饱和度】特效命令的综合运用

案例思路

本案例主要介绍旧时光、老照片效果的制作，通过设置【曲线】命令对视频素材进行校色，利用椭圆工具做遮罩压暗角，添加【模糊】命令使画面更加柔和，从而实现旧时光电影动态效果。

制作步骤

1. 前期制作

01 新建项目，设置【预设】为HDV/HDTV 720 25，【持续时间】为0:00:08:00，如图6-1所示。

02 双击【项目】面板的空白处，在弹出的【导入文件】对话框中，查找路径，导入"6.1视频.mov"作为素材，将其拖曳至时间线面板中，如图6-2所示。

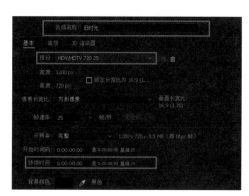

图6-1

03 → 执行【效果】>【颜色校正】>【曲线】命令，设置曲线的形状，如图6-3所示。

04 → 选择"6.1 视频.mov"，按键盘上的快捷键Ctrl+D，复制新图层，重命名为"素材蒙版"，选择"素材蒙版"，双击工具栏上的⬭(椭圆工具)，创建椭圆遮罩，双击"椭圆遮罩"，将其放大，如图6-4所示。

05 → 设置【素材蒙版】>【蒙版1】选项，勾选【反转】复选框，设置【蒙版扩展】为-126.0像素，如图6-5所示。

图6-2

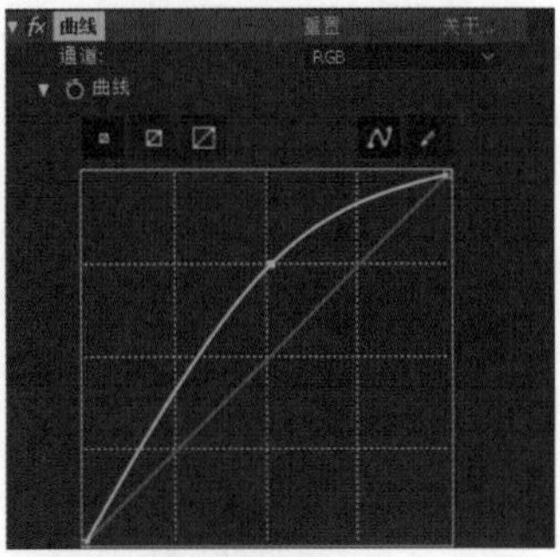

图6-3

图6-4

图6-5

06 → 选择"6.1 视频.mov"，执行【效果】>【过时】>【高斯模糊（旧版）】命令，设置【模糊度】为61.0，如图6-6所示。

07 → 查看画面效果，如图6-7所示。

图6-6

图6-7

2. 旧时光合成

01 → 双击【项目】面板的空白处，在弹出的【导入文件】对话框中，查找路径，导入"6.1视频1.mov"作为素材，拖曳至时间线面板中，如图6-8所示。

02 → 选择"6.1 视频1.mov"，执行【变换】>【缩放】命令，取消【约束比例】，设置【缩放】为196.0,155.0%，【模式】为"相乘"，如图6-9所示。

图6-8

图6-9

03 → 执行【图层】>【新建】>【调整图层】命令，如图6-10所示。

04 → 执行【效果】>【色彩校正】>【色相/饱和度】命令，设置【色相/饱和度】效果，勾选【彩色化】复选框，设置【着色色相】为0×+52.0°，【着色饱和度】为41，【着色亮度】为-8，如图6-11所示。

图6-10

图6-11

05 → 查看画面最终效果，如图6-12所示。

图6-12

技术总结

本案例讲解了After Effects 2022软件中曲线校色和Mask遮罩的应用方法，以及如何添加色相/饱和度效果进行色彩校正。案例中的曲线校色是通过调节曲线的曲率来设置画面的亮度，这一点不同于色相/饱和度及色彩平衡。

6.2　花瓣飘落

教学视频

素材文件：素材文件 / 第 6 章 /6.2 花瓣飘落
案例文件：案例文件 / 第 6 章 /6.2 花瓣飘落 .aep
视频教学：视频教学 / 第 6 章 /6.2 花瓣飘落 .mp4
技术要点：熟悉 Particular、【预合成】特效命令的综合运用

案例思路

本案例主要介绍花瓣素材与外置粒子插件的功能应用，主要的制作思路是利用平面软件抠出花瓣素材，然后添加外置Particular粒子插件实现花瓣飘落效果。

制作步骤

01 → 新建项目，设置【预设】为HDV/HDTV 720 25，【持续时间】为0:00:08:00，如图6-13所示。

02 → 执行【图层】>【新建】>【纯色】命令，设置【名称】为"花瓣粒子"，【宽度】为1280px，【高度】为720px，如图6-14所示。

图6-13

03 → 执行【效果】>【RG Trapcode】>【Particular】命令，设置Particular > Emitter Type为Box，Position为642.0,–110.0,0.0，Direction为Directional，X Rotation为0×–90.0°，Velocity为400.0，Emitter Size为XYZ Individual，Emitter Size X为1076，Emitter Size Y为50，Emitter Size Z为50，如图6-15所示。

04 → 设置Particle (Master) > Life[sec]为13.0，Wind X为80.0，如图6-16所示。

05 → 设置Turbulence Field > Affect Position为195.0，Scale为4.0，如图6-17所示。

06 → 双击【项目】面板的空白处，在弹出的【导入文件】对话框中，导入"6.2 花瓣飘.png""6.2 场景.jpg"作为素材，拖曳至时间线面板中，按键盘上的R键，设置【旋转】为0×–90.0°，如图6-18所示。

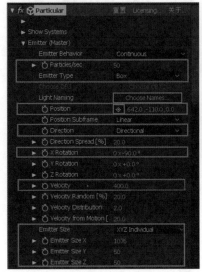

图6-15

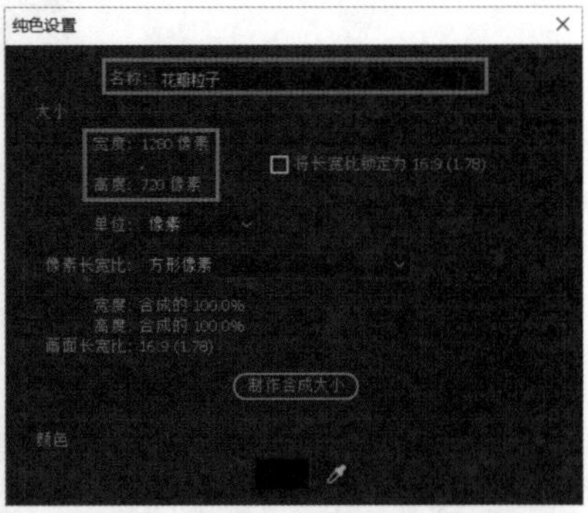

图6-14

图6-16

07 → 执行【图层】>【预合成】命令，在【预合成】对话框中，设置【新合成名称】为"6.2 花瓣飘.png合成1"，取消 ◉(显示)，如图6-19所示。

图6-17

图6-18

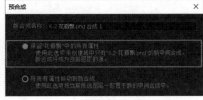

图6-19

08 → 选择"花瓣粒子"，设置Particular > Particle Type为Sprite，设置Texture > Layer为"6.2 花瓣飘.png合成"，如图6-20所示。

09 → 设置Particle(Master) > Random Rotation为62.0，如图6-21所示。

10 → 选择【片段转换 素材】1,2，执行【图层】>【时间】>【时间反向图层】命令，选择"6.2场景.jpg"素材，拖曳至合成的最底层，最终效果如图6-22所示。

图6-20

图6-21

图6-22

技术总结

本案例介绍了花瓣飘落效果的制作方法，案例中图像素材是PNG格式的，选用PNG格式是因为带有透明通道信息，这样便于在Particular中快速实现效果。

6.3　皮肤美颜

教学视频

素材文件：素材文件 / 第 6 章 /6.3 皮肤美颜
案例文件：案例文件 / 第 6 章 /6.3 皮肤美颜 .aep
视频教学：视频教学 / 第 6 章 /6.3 皮肤美颜 .mp4
技术要点：熟悉【移除颗粒】【高斯模糊】【曲线】及 Looks 特效命令的使用方法

案例思路

本案例主要介绍视频皮肤美颜效果的制作，基本制作思路是前期通过添加移除颗粒效果对视频素材进行修整，进而添加高斯模糊效果使视频中人物角色的脸部皮肤更加柔和，最终利用外置Looks插件使皮肤显得更加细腻。

制作步骤

1. 移除颗粒

01 → 新建项目，设置【预设】为HDV/HDTV 720 25，【持续时间】为0:00:10:00，如图6-23所示。

02 → 双击【项目】面板的空白处，在弹出的【导入文件】对话框中，导入"6.3 视频.mov"作为素材，拖曳至时间线面板中，如图6-24所示。

03 → 选择"6.3 视频.mov"素材，执行【效果】>【杂色和颗粒】>【移除颗粒】命令，如图6-25所示。

图6-23

图6-24

图6-25

04 → 查看画面效果，如图6-26所示。

05 → 设置【移除颗粒】>【预览区域】>【中心】为971.0,412.0，设置【宽度】为530，【高度】

为530，设置【钝化蒙版】>【数量】为1.000，【半径】为1.100，【阈值】为0.090，如图6-27所示。

图6-26

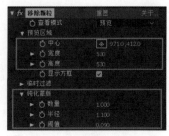
图6-27

06 → 设置【查看模式】为"最终输出"，如图6-28所示。

07 → 选择"6.3 视频.mov"素材，按键盘上的快捷键Ctrl+D，复制新图层，重命名为"6.3 视频1.mov"，如图6-29所示。

图6-28

图6-29

2. 美肤效果

01 → 选择"6.3 视频1.mov"素材，执行【模糊和锐化】>【高斯模糊】命令，设置【模糊度】为1.5，如图6-30所示。

02 → 执行【效果】>【颜色校正】命令，设置【曲线】形状，如图6-31所示。

03 → 执行【图层】>【新建】>【调整图层】命令，如图6-32所示。

04 → 执行【效果】>【Magic Bullet】>【Looks】命令，设置Looks参数，单击Edit...按钮，如图6-33所示。

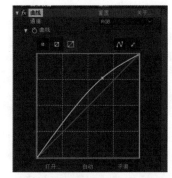
图6-31

图6-30

图6-33

图6-32

05 → 设置【Looks】>【Enhancements】>【Palefellow】下的参数，单击右下角的对号图标，如图6-34所示。

06 → 查看案例最终效果，如图6-35所示。

图6-34

图6-35

技术总结

本案例介绍移除颗粒和高斯模糊效果的设置方法，制作过程中还巧妙地添加了外置插件进行磨皮，相对于After Effects 2022中传统单一的皮肤修正命令，Looks插件中含有大量的磨皮滤镜，方便用户选用。

教学视频

6.4　三原色

素材文件：无
案例文件：案例文件 / 第 6 章 /6.4 三原色 .aep
视频教学：视频教学 / 第 6 章 /6.4 三原色 .mp4
技术要点：熟悉文本工具，以及【序列图层】【图层遮罩】【Alpha 遮罩】特效命令的使用方法

案例思路

本案例主要介绍动态遮罩的制作方法，主要思路是在After Effects 2022软件中通过创建静态图层制作动态遮罩，运用序列图层对动态遮罩进行排序，最终使用文本工具形成三原色效果。

制作步骤

1. 前期制作

01 → 新建项目，设置【预设】为HDV/HDTV 720 25，【持续时间】为0:00:10:00，如图6-36所示。

02 → 执行【图层】>【新建】>【纯色】命令，设置【宽度】为"160像素"，【高度】为"720像素"，【颜色】为"黑色"，如图6-37所示。

图6-36

图6-37

03 → 单击【三原色】合成窗口下方的 🔳(切换透明网格)图标，效果如图6-38所示。

04 → 选择"黑色 纯色1"图层，将其拖曳至合成窗口的最左侧，单击工具栏上的 ▓（向后平移锚点工具）将轴向点移动到图层条的最下方，展开【变换】>【缩放】选项，单击取消 ◉（约束比例），在时间线0:00:00:00处，设置【缩放】为100.0,0.0%，如图6-39所示。

05 → 拖曳时间线至0:00:00:16处，设置【缩放】为100.0,100.0%，选择时间线面板上的关键帧，按键盘上的F9键，转换普通关键帧，如图6-40所示。

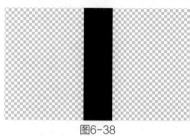

图6-38 　　　　　　图6-39 　　　　　　图6-40

06 → 查看画面效果，如图6-41所示。

07 → 选择"黑色 纯色1"图层，按键盘上的快捷键Ctrl+D，复制新图层，重命名为"黑色 纯色2"，单击工具栏上的 ▶（选取工具），在【三原色】合成窗口中拖曳至"黑色 纯色2"的右侧对齐，如图6-42所示。

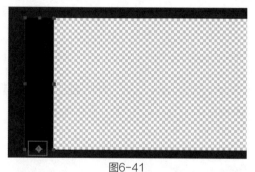
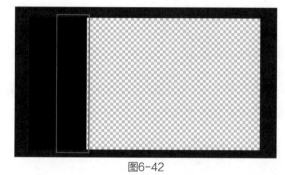

图6-41 　　　　　　　　　　图6-42

08 → 单击工具栏上的 ▓（向后平移锚点工具），将"黑色 纯色2"图层的轴心点移至上方，如图6-43所示。

09 → 选择"黑色 纯色1"和"黑色 纯色2"图层，按键盘上的快捷键Ctrl+D，复制三个新图层，使其对齐，如图6-44所示。

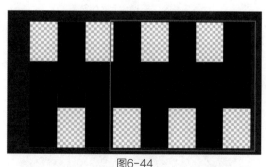

图6-43 　　　　　　　　　　图6-44

10 → 查看画面效果，如图6-45所示。

11 → 选择所有图层，执行【动画】>【关键帧辅助】>【序列图层】命令，弹出【序列图层】对话框，勾选【重叠】复选框，设置【持续时间】为0:00:04:20，如图6-46所示。

图6-45

图6-46

12 → 查看画面效果，如图6-47所示。

13 → 选择所有图层，执行【图层】>【预合成】命令，在弹出的【预合成】对话框中，设置【新合成名称】为"遮罩"，如图6-48所示。

图6-47

图6-48

14 → 执行【合成】>【新建合成】命令，设置【合成名称】为"三原色"，如图6-49所示。

15 → 执行【图层】>【新建】>【纯色】命令，使用默认参数，如图6-50所示。单击工具栏上的 ■(横排文字工具)，在合成窗口中输入"三原色"。

图6-49

图6-50

2. 后期合成

01 → 执行【合成】>【新建合成】命令，设置【合成名称】为"红绿蓝"，如图6-51所示。

02 → 执行【图层】>【新建】>【纯色】命令，设置【名称】为"红色 纯色2"，设置【宽度】为"427像素"，【宽度】为"720像素"，【颜色】为"红色(R:255,G:0,B:0)"，如图6-52所示。

图6-51

图6-52

03 → 查看画面效果，如图6-53所示。

04 → 按键盘上的快捷键Ctrl+D，对红色的纯色层复制两次，分别更改颜色为"绿色(R:0,G:236B:49)""蓝色(R:0,G19,B:236)"，如图6-54所示。

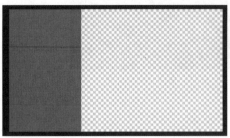

图6-53

图6-54

05 → 查看画面效果，如图6-55所示。

06 → 执行【合成】>【新建合成】命令，设置【合成名称】为"总合成"，【宽度】为1280px，【高度】为720px，如图6-56所示。

图6-55

图6-56

07 → 分别将"遮罩""红绿蓝""三原色"三个图层拖曳至【总合成】图层，如图6-57所示。

08 → 选择【红绿蓝】图层，设置TrkMat为"Alpha 遮罩'遮罩'"，如图6-58所示。

图6-57

图6-58

09 → 查看案例最终效果，如图6-59所示。

图6-59

技术总结

本案例讲解了多种图层遮罩的使用方法，这些遮罩的应用范围不仅限于单个素材，还广泛应用于复杂效果的制作。

6.5 战争模拟

教学视频

素材文件：素材文件 / 第 6 章 /6.5 战争模拟
案例文件：案例文件 / 第 6 章 /6.5 战争模拟 .aep
视频教学：视频教学 / 第 6 章 /6.5 战争模拟 .mp4
技术要点：熟悉【替代层】、Particular 特效的使用方法

案例思路

　　本案例为模拟机甲坦克出现的效果，使读者掌握利用外部图片素材创建替代层的方法，其制作思路是导入图片素材，在粒子发射器、粒子数量、物理参数等方面设置外部粒子插件。

制作步骤

　　01 新建项目，设置【预设】为HDV/HDTV 720 25，【持续时间】为0:00:05:00，如图6-60所示。

　　02 双击【项目】面板的空白处，查找路径，导入"6.5 素材.jpg""6.5素材1.png"作为素材，拖曳至时间线面板中，选择"6.5 素材.jpg"，按键盘上的快捷键Ctrl+Alt+F进行素材适配，如图6-61所示。

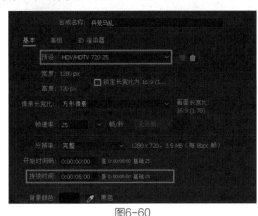

图6-60

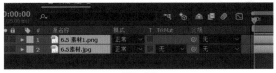

图6-61

　　03 执行【图层】>【新建】>【纯色】命令，设置【名称】为"背景"，【宽度】为1280px，【高度】为720px，将"6.5素材1.png"拖曳至时间线面板中，如图6-62所示。

　　04 执行【图层】>【新建】>【纯色】命令，设置【名称】为"替代层"，使用默认参数，如图6-63所示。

图6-62

图6-63

05 → 执行【效果】>【RG Trapcode】>【Particular】命令，添加粒子特效，如图6-64所示。

06 → 设置Emitter(Master) > Particles/sec为4，Emitter Type为Box，Position为1157.0,255.0,0.0，Velocity Random 为0，Velocity Distribution为0，Emitter Size为XYZ Individual，Emitter Size X为919，Emitter Size Y为654，Emitter Size Z为400，如图6-65所示。

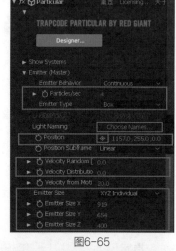

图6-64

图6-65

07 → 在Particle (Master)选项中，设置Life[sec]为3.0，Particle Type为Sprite，Texture > Layer为"6.5素材1.png"，Size为100.0，如图6-66所示。

08 → 查看画面效果，如图6-67所示。

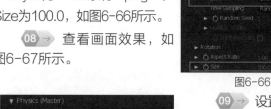

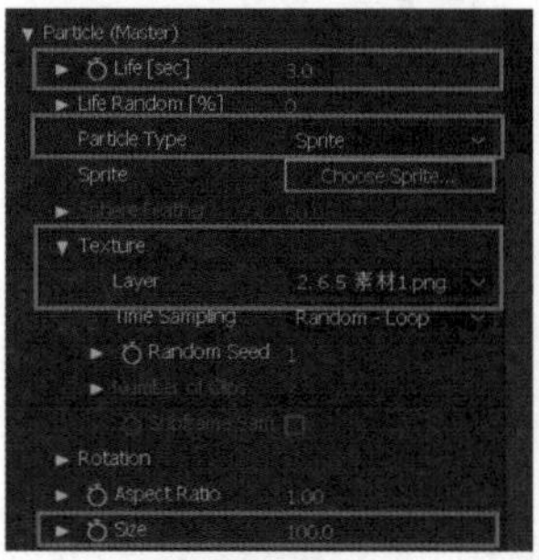

图6-66

图6-67

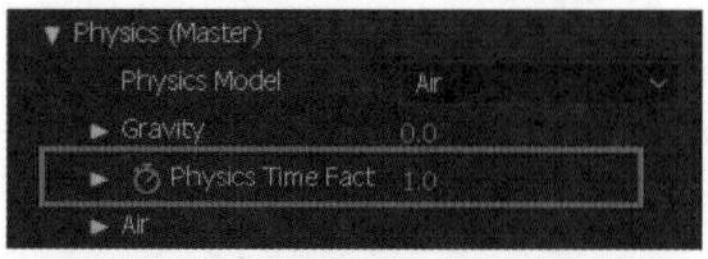

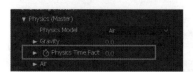

图6-68

09 → 设置Physics(Master)选项，在时间线00:00:02:15处，设置Physics Time Factor为1.0，如图6-68所示。

10 → 将时间线拖曳至00:00:02:16的位置，设置Physics Time Factor为0，如图6-69所示。

11 → 选择"替代层"，选择(3D图层)图标，设置【位置】为541.3,260.3,664.0，【缩放】为173.0,173.0,173.0%，如图6-70所示。

图6-69

12 → 将"6.5 素材.jpg"拖曳至时间线面板最底层，按键盘上的快捷键Ctrl+Alt+F进行适配，如图6-71所示。

13 → 查看案例最终效果，如图6-72所示。

图6-70

图6-71

图6-72

技术总结

本案例讲解After Effects 2022软件中替代层、外置粒子插件的参数设置和应用，后期运用Particular命令会获得更多神奇的效果。

教学视频

6.6　魔法手指

素材文件：素材文件 / 第 6 章 /6.6 魔法手指
案例文件：案例文件 / 第 6 章 /6.6 魔法手指 .aep
视频教学：视频教学 / 第 6 章 /6.6 魔法手指 .mp4
技术要点：熟悉【跟踪运动】【镜头光晕】及 CC Particle Systems II 特效命令的使用方法

案例思路

本案例利用CC粒子仿真技术来模拟魔法手指的效果，制作思路是先跟踪视频手部运动，添加镜头光晕，再运用CC粒子仿真世界命令，最终实现粒子追尾的效果。

制作步骤

1. 运动追踪

01 → 新建项目，设置【预设】为HDV/HDTV 720 25，【持续时间】为0:00:03:00，如图6-73所示。

02 → 双击【项目】面板的空白处，在弹出的【导入文件】对话框中，导入"6.6视频素材.mov"作为素材，拖曳至时间线面板中，如图6-74所示。

03 → 将【时间指示器】拖曳至0:00:00:22处，执行【窗口】>【跟踪器】命令，在【跟踪器】面板中，设置【跟踪运动】>【当前跟踪】为"跟踪1"，在图层窗口中选择【跟踪器1】移动至角色手指处，如图6-75所示。

图6-73

图6-74

图6-75

04 → 查看画面效果，如图6-76所示。

05 → 单击▶(向前分析)图标进行手指运动跟踪，到时间线0:00:01:24处，单击停止，在图层窗口中选择【跟踪器1】移动到角色手指处，如图6-77所示。

图6-76

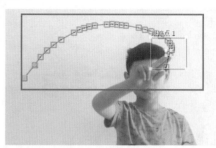
图6-77

06 → 执行【图层】>【新建】>【空对象】命令，建立一个空白图层，如图6-78所示。

07 → 在【跟踪器】面板中，选择【编辑目标】>【将运动应用于】，设置【图层】为"1.空1"，单击【应用】按钮，如图6-79所示。

08 → 在【动态跟踪器应用选项】对话框中，设置【应用维度】为"X和Y"，如图6-80所示。

图6-78

图6-79

图6-80

09 → 在【合成】窗口中就会生成实体的运动路径，效果如图6-81所示。

2. 粒子光晕效果

01 → 执行【图层】>【新建】>【纯色】命令，设置【名称】为"粒子光晕"，【颜色】为"黑色"，如图6-82所示。

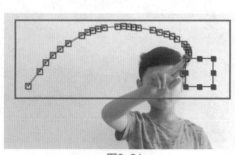
图6-81

图6-82

图6-83

02 → 执行【效果】>【生成】>【镜头光晕】命令，设置【光晕亮度】为10%，【镜头类型】为"105毫米定焦"，如图6-83所示。

03 → 分别展开"粒子光晕"和"空1"图层，如图6-84所示。

04 → 按住键盘上的Alt键，同时用鼠标单击【粒子光晕】>【光晕中心】>【表达式：光晕…】中的◎(螺旋线)图标，将◎(螺旋线)图标拖曳至【空1】>【位置】上面进行父子链接，如图6-85所示。

图6-84

图6-85

05 → 更改【模式】为"相加",如图6-86
所示。

06 → 查看画面效果,如图6-87所示。

图6-86

图6-87

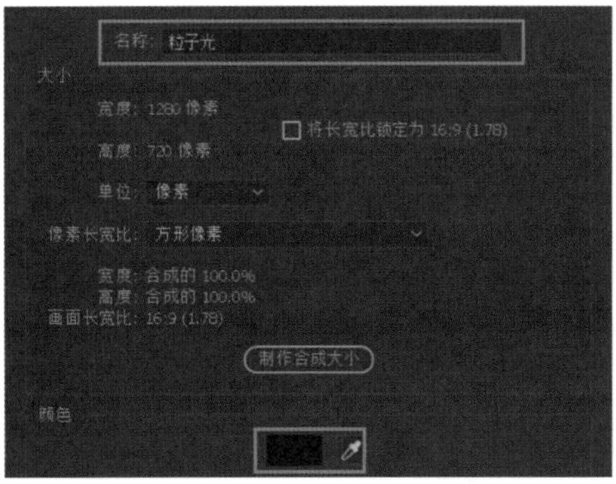

07 → 执行【图层】>【新建】>【纯色】命令,
设置【名称】为"粒子光",【颜色】为"黑色",
如图6-88所示。

08 → 执行【效果】>【模拟】>【CC Particle
Systems II】命令,如图6-89所示。

图6-88

图6-89

09 → 分别展开CC Particle Systems II和"空1"图层,按住键盘上的Alt键,同时用鼠标单击
Producer > Position,设置【表达式:光晕…】中的 ◎(螺旋线)图标,将 ◎(螺旋线)图标拖曳至【空
1】>【位置】上面进行父子链接,更改【模式】为"相加",如图6-90所示。

10 → 查看画面效果，如图6-91所示。

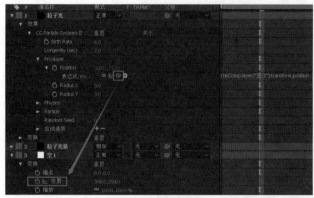

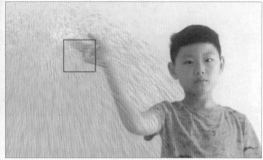

图6-90   图6-91

11 → 设置CC Particle Systems II > Producer > Radius X为0，Radius Y为0，Physics > Velocity为0.1，Gravity为0，如图6-92所示。

12 → 设置Particle>Particle Type为Cube，Birth Size为0.15，Death Size为0，Birth Color为"浅黄色(R:255,G:249,B:189)"，Death Color为"浅粉色(R:255,G:244,B:244)"，如图6-93所示。取消选中"空1"图层的 ◉ (显示)图标。

13 → 查看案例最终效果，如图6-94所示。

图6-92   图6-93

图6-94

技术总结

本节通过对"魔法手指"案例的讲解，对视频图像追踪、粒子光添加、粒子动态追尾的参数设置和应用进行介绍。本案例的技术要点在于手部运动与跟踪的位置，只有两者位置相匹配才能使跟踪画面平稳。

6.7 蠕动的神经

教学视频

素材文件：素材文件 / 第 6 章 /6.7 蠕动的神经
案例文件：案例文件 / 第 6 章 /6.7 蠕动的神经 .aep
视频教学：视频教学 / 第 6 章 /6.7 蠕动的神经 .mp4
技术要点：熟悉【跟踪运动】【Mask 遮罩】【自动定向】及 CC Glass 特效命令的使用方法

案例思路

　　本案例主要介绍神经蠕动效果的制作方法，运用两点跟踪技术与Mask遮罩绘制关键帧的方式进行表情捕捉，为了使蠕动效果更加真实，添加CC Glass特效命令来模拟真实的神经蠕动效果。

制作步骤

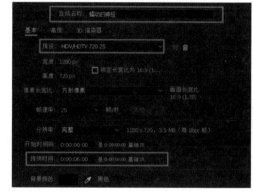
图6-95

01 → 新建项目，设置【预设】为HDV/HDTV 720 25，【持续时间】为0:00:06:00，如图6-95所示。

02 → 双击【项目】面板的空白处，在弹出的【导入文件】对话框中，查找路径，导入"6.7视频素材.mov"作为素材，拖曳至时间线面板中，如图6-96所示。

图6-96

03 → 执行【图层】>【新建】>【空对象】命令，建立空白图层，如图6-97所示。

04 → 查看画面效果，如图6-98所示。

05 → 选择"6.7视频素材.mov"，执行【窗口】>【跟踪器】命令，在弹出的面板中单击【跟踪运动】按钮，勾选【位置】和【旋转】复选框，如图6-99所示。

06 → 查看画面效果，如图6-100所示。

07 → 设置"跟踪点1"在头发根部，设置"跟踪点2"在鼻孔内部，单击【向前分析】进行跟踪模拟，完成后形成跟踪路径，如图6-101所示。

08 ➤ 查看画面效果，如图6-102所示。

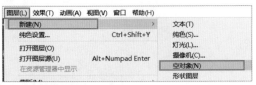

图6-97

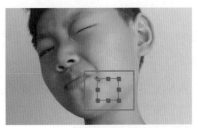

图6-98

图6-99

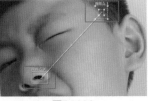

图6-100

图6-101

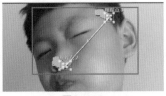

图6-102

09 ➤ 在【跟踪器】面板中，选择【编辑目标】>【将运动应用于】，设置【图层】为"1.空1"，单击【应用】按钮，如图6-103所示。

10 ➤ 设置【动态跟踪器应用选项】>【应用维度】为"X和Y"，效果如图6-104所示。

11 ➤ 执行【图层】>【新建】>【纯色】命令，如图6-105所示。

图6-103

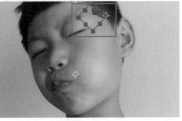

图6-104

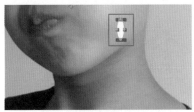

图6-105

12 ➤ 设置【宽度】为"1280像素"，【高度】为"720像素"，【名称】为"神经"，【颜色】为"白色"。单击工具栏上的◯(椭圆工具)，在【蠕动的神经】合成窗口中进行遮罩绘制，拖曳"神经"图层遮罩到画面外，如图6-106所示。

13 ➤ 查看画面效果，如图6-107所示。

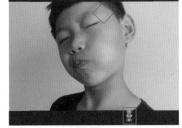

图6-106

图6-107

14 ➤ 选择"神经"图层，按键盘上的P键，设置位移动画，在时间线0:00:00:00处，设置【位置】为893.5,756.0，拖曳【当前时间指示器】至0:00:02:00处，设置【位置】为653.5，-54.0，效果如图6-108所示。

15 ➤ 单击◎(螺旋线)图标，拖曳至"空1"图层，如图6-109所示。

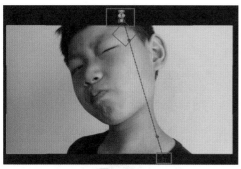

图6-108

图6-109

16 → 在时间线0:00:00:15处，设置【位置】为312.1,-345.9，如图6-110所示。

17 → 在时间线0:00:01:07处，在弹出的对话框中设置【位置】为120.1,-150.6，如图6-111所示。

图6-110

图6-111

18 → 执行【图层】>【变换】>【自动定向】命令，设置【自动定向】为"沿路径定向"，如图6-112所示。

19 → 按键盘上的R键，设置【旋转】为0×-93.5°，如图6-113所示。

20 → 展开"神经"图层，设置【蒙版羽化】为"8.0像素"，【蒙版不透明度】为60%，如图6-114所示。

图6-112

图6-113

图6-114

21 → 查看画面效果，如图6-115所示。

22 → 选择"神经"和"空1"图层，如图6-116所示。

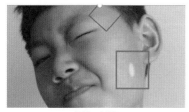

图6-115

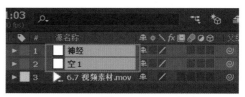

图6-116

23 → 按键盘上的快捷键Ctrl+Shift+C进行预合成，设置【预合成】对话框中的【新合成名称】为"神经蠕动"，如图6-117所示。

24 → 单击◎(显示)图标，取消"神经"图层的显示，选择"6.7视频素材.mov"，执行【效果】>【风格化】>【CC Glass】命令，在Surface下，设置Bump Map为"1.神经蠕动"，Softness为25.6，Height为24.0，Displacement为60.0；在Light下，设置Light Height为55.0；在Shading下，设置Diffuse为69.0，Specular为18.0，如图6-118所示。

图6-117

25 → 查看案例最终效果，如图6-119所示。

107

图6-118

图6-119

技术总结

本案例通过对"蠕动的神经"的制作，介绍跟踪运动、自动定向及CC Glass碎片特效等参数的设置。在视频制作中，技术是为艺术服务的，所以最高级的技术就是艺术本身，所有的制作技巧都是为画面服务的，我们需要认真地研究素材画面。

6.8 国风片头——山河无恙 人间皆安

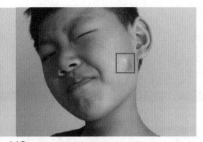

教学视频

素材文件：素材文件 / 第 6 章 /6.8 国风片头—山河无恙 人间皆安
案例文件：案例文件 / 第 6 章 /6.8 国风片头—山河无恙 人间皆安 .aep
视频教学：视频教学 / 第 6 章 /6.8 国风片头—山河无恙 人间皆安 .mp4
技术要点：熟悉【人偶控点工具】【循环表达式】【图层蒙版】【Particular(粒子)】特效命令的使用方法

案例思路

本案例是以平面素材、视频素材与影视特效命令相结合的方式来体现当今流行的国风片头效果，通过导入透明背景素材来组合国风画面，循环表达式配合关键帧动画来实现运动的效果，添加粒子特效来完成真实的国风片头效果。

制作步骤

01 ➤ 新建项目，设置【预设】为HDV\HDTV 720 25，【持续时间】为0:00:10:00，如图6-120所示。

02 ➤ 执行【图层】>【新建】>【纯色】命

图6-120

令，设置【名称】为"背景"，【宽度】为1280px，【高度】为720px，设置【颜色】为"白色"。双击【项目】面板的空白处，在弹出的【导入文件】对话框中，导入"6.8毛笔字.png"作为素材，将其拖曳至【时间线】面板，单击■(切换透明网格)，显示透明背景，设置【位置】为578.2,377.0，【缩放】为70.0,70.0%，如图6-121所示。

03 → 双击【项目】面板的空白处，在弹出的【导入文件】对话框中，依次导入"6.8水墨背景1.png"

"6.8水墨背景2.png""6.8荷花.png""6.8大雁.png""6.8仙鹤.png""6.8山水场景1.png""6.8山水场景2.png""6.8山水抠图.png""6.8绿叶.png"作为素材，如图6-122所示。

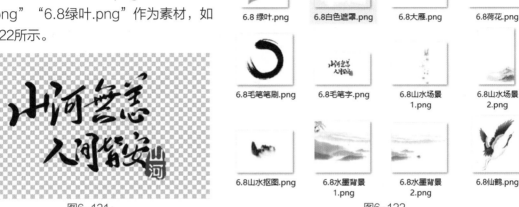

6.8 绿叶.png　　6.8白色遮罩.png　　6.8大雁.png　　6.8荷花.png

6.8毛笔笔刷.png　　6.8毛笔字.png　　6.8山水场景1.png　　6.8山水场景2.png

6.8山水抠图.png　　6.8水墨背景1.png　　6.8水墨背景2.png　　6.8仙鹤.png

图6-121　　　　　　　　　　　　　　　　图6-122

04 → 将"6.8水墨背景1.png"素材，拖曳至【时间线】面板，设置【变换】>【位置】为316.0,358.0，【缩放】为115.0,115.0，如图6-123所示。

05 → 选择"6.8水墨背景1.png"素材，开启■(独奏-隐藏所有非独奏视频)，独显水墨背景，双击工具栏上■(矩形工具)，创建"蒙版1"，单击工具栏上的■(钢笔工具)，在【合成】窗口的"矩形蒙版1"右侧线上添加锚点，按住键盘快捷键Shift，将锚点调整为贝塞尔曲线，如图6-124所示。

06 → 设置【蒙版】>【蒙版1】>【蒙版羽化】为"98.0,98.0像素"，【蒙版扩展】为"15.0像素"，如图6-125所示。

图6-123

图6-124　　　　　　　　　　　　　　　　图6-125

提示

导入图片后，为了方便调整钢笔工具添加的锚点，单击■(切换透明网格)，暂时关闭透明背景显示。

设置蒙版羽化时，取消数值左侧的■(约束比例)，可以单独调整一侧的数值。

07 → 将"6.8水墨背景2.png"素材，拖曳至【时间线】面板，设置【变换】>【位置】为914.0,367.0，【缩放】为123.0,123.0，效果如图6-126所示。

08 → 将"6.8山水场景1.png""6.8山水场景2.png""6.8荷花.png""6.8大雁.png""6.8山水抠图.png"作为素材，拖曳至【时间线】面板。选择"6.8山水场景1.png"，设置【位置】为1158.0,374；选择"6.8山水场景2.png"，设置【位置】为862.0,260.0，【缩放】为"24,24%"；选择"6.8荷花.png"，设置【位置】为184.0,646.0，【缩放】为137.1,106.7%；选择"6.8大雁.png"，设置【位置】为518.0,212.0,【缩放】为267.0,200.0%；选择"6.8山水抠图.png"，设置【位置】为1026.0,274.0,【缩放】为135.5,129.3，效果如图6-127所示。

图6-126

图6-127

09 → 选择"6.8荷花.png"图层，单击工具栏上的 ⭐(人偶位置控点工具)，依次添加控点，如图6-128所示。

图6-128

10 → 按键盘上的快捷键U，展开层级，单击【操控点1】>【位置】左侧的 ◉(时间变化秒表)。将【当前时间指示器】拖曳至0:00:00:00处，设置【操控点2】为344.3,262.2；将【当前时间指示器】拖曳至0:00:01:00处，设置【操控点2】为354.2,264.3。选择设置好的两个关键帧，按键盘上的快捷键Ctrl+C,分别在0:00:02:00、0:00:04:00、0:00:06:00、0:00:08:00处进行粘贴，形成荷花摆动的效果，如图6-129所示。

11 → 将"6.8仙鹤.png"素材，拖曳至【时间线】面板，设置【变换】>【位置】为314.0,546.0，【缩放】为18.0,18.0%，【旋转】为0x+25.0°，单击工具栏上的 ⭐(人偶位置控点工具)，依次添加控点，效果如图6-130所示。

图6-129

图6-130

12 → 选择"6.8仙鹤.png"素材，按键盘上的快捷键U，在时间线0:00:00:00处自动生成控点关键帧，如图6-131所示。

13 ▶ 将【当前时间指示器】拖曳至0:00:01:00处，设置【操控点4】为612.2,316.2，【操控点5】为287.6,570.5，框选0:00:00:00处所有操控点的关键帧，按键盘上的快捷键Ctrl+C，将【当前时间指示器】拖曳至0:00:02:00处，按键盘上的快捷键Ctrl+V，粘贴关键帧，形成翅膀扇动效果，如图6-132所示。

图6-131　　　　　　　　　　　　　图6-132

14 ▶ 按住键盘上的Alt键，分别单击【操控点4】【操控点5】下方的 ⏱ (时间变化秒表)，进入表达式模式，单击 ▷ (表达式语言菜单)，设置Property为loopOut(type="cycle"，numKeyframe=0)，形成前后翅膀循环扇动效果，如图6-133所示。

15 ▶ 选择"6.8仙鹤.png"素材，将【当前时间指示器】拖曳至0:00:00:00处，按键盘上的快捷键P，设置【位置】为-156.0,726.0；将【当前时间指示器】拖曳至0:00:09:24处，设置【位置】为1426.0,52.0，完成仙鹤飞行动画部分的制作，如图6-134所示。

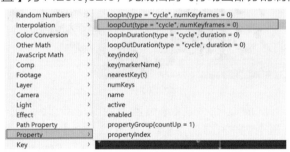

图6-133　　　　　　　　　　　　　图6-134

16 ▶ 选择"6.8仙鹤.png"素材，按键盘上的快捷键Ctrl+D，复制新图层并命名为"6.8仙鹤1.png"。选择"6.8仙鹤1.png"，按键盘上的快捷键P，删除位置关键帧。将【当前时间指示器】拖曳至0:00:00:00处，设置【位置】为-118.0,218.0，【缩放】为8.0,8.0%；将【当前时间指示器】拖曳至0:00:09:24处，按键盘上的快捷键P，设置【位置】为550.0,-77.0；将【当前时间指示器】拖曳至0:00:00:00处，选择关键帧，将其

图6-135

移动至0:00:01:00处，使两个仙鹤的运动产生时间差，如图6-135所示。

17 ▶ 选择"6.8仙鹤1.png"至"6.8水墨背景2.png"的全部图层，开启 ⬛ (3D图层-允许在三维中操作此图层)，如图6-136所示。

18 ▶ 执行【图层】>【新建】>【空1】命令，建立空对象图层，开启 ⬛ (3D图层-允许在三

111

维中操作此图层），执行【图层】>【新建】>【摄像机】命令，设置摄像机【预设】为35毫米，如图6-137所示。

19 → 按住鼠标左键，将【摄像机1】右侧的██(父级关联器)拖曳至"空1"图层，执行【视图】>【切换视图布局】>【2个视图】命令，左侧设置为"活动摄像机(默认)"，右侧设置为"顶部"，如图6-138所示。

20 → 选择"空1"，按键盘上的快捷键P，将【当前时间指示器】拖曳至0:00:00:00处，设置【位置】为640.0,360.0,1225.0；将【当前时间指示器】拖曳至0:00:06:00处，设置【位置】为640.0,360.0,-147.0，形成摄像机推镜头的动画效果，如图6-139所示。

图6-136

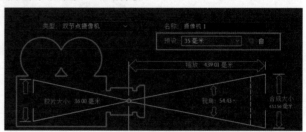
图6-137

图6-138

图6-139

21 → 选择"6.8毛笔字.png"，按键盘上的快捷键P，设置【位置】为602.0,356.0,-184.0；选择"6.8山水抠图.png"，设置【位置】为1303.8,214.0,1000.0，【缩放】为230.0,233.7,280.5%；选择"6.8大雁.png"，设置【位置】为580.8,114.2,744.0，【缩放】为354.0,276.8,188.3%；选择"6.8荷花.png"，设置【位置】为-96.8,660.5,616.0，【缩放】为273.8,191.4,145.0%，如图6-140所示。

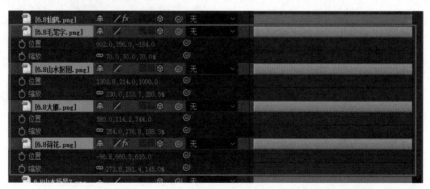
图6-140

22 → 选择"6.8山水场景2.png"，按键盘上的快捷键P，设置【位置】为614.0,248.0,290.0，【缩放】为38.8,32.6,170.2%；选择"6.8山水场景1.png"，设置【位置】为1394.1,306.0,508.0，【缩放】为182.0,181.4,195.5%；选择【6.8水墨背景1.png】，设置

图6-141

【位置】为26.0,358.0,1104.0，【缩放】为205.0,205.0,205.0%，选择【6.8水墨背景2.png】，设置【位置】为1215.0,360.0,1104.0，【缩放】为203.0,203.0,203.0%，如图6-141所示。

23 → 将"6.8白色遮罩.png"素材拖曳至【时间线】面板，鼠标右键选择【预合成】，设置【新合成名称】为"6.8白色遮罩.png合成1"，选择"将所有属性移动到新合成"选项，如图6-142所示。

24 → 双击"6.8白色遮罩.png合成1"，进入其内部，选择"6.8白色遮罩.png"图层，单击工具栏上的◯(椭圆工具)，沿着"6.8白色遮罩.png"图层外轮廓绘制椭圆，选择"6.8白色遮罩.png"，展开【蒙版1】>【蒙版路径】，单击◯(时间变化秒表)，记录关键帧。将【当前时间指示器】拖曳至0:00:00:00处，设置【蒙版形状】>【定界框】的【顶部】为"329像素"，【左侧】为"299像素"，【右侧】为"359像素"，【底部】为"381像素"；将【当前时间指示器】拖曳至0:00:04:00处，设置【蒙版形状】>【定界框】的【顶部】为"71像素"，【左侧】为"37像素"，【右侧】为"547像素"，【底部】为"551像素"，设置【蒙版羽化】为197.0,197.0，【蒙版扩展】为"14.0像素"，效果如图6-143所示。

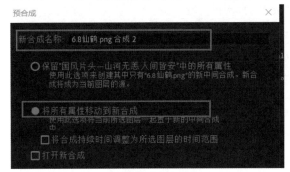

图6-142

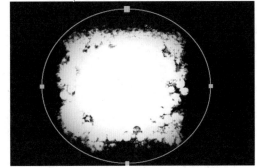

图6-143

25 → 返回"国风片头—山河无恙 人间皆安"合成，执行【视图】>【切换视图布局】>【1个视图】命令，将"6.8毛笔字.png"拖曳至"6.8白色遮罩.png合成1"下方，单击【时间线】面板下方的"切换开关/模式"，选择"6.8毛笔字.png"，在右侧TrkMat选项中单击"亮度遮罩"[6.8白色遮罩.png合成1]"，产生羽化淡入效果，如图6-144所示。

26 → 将"6.8白色遮罩.png合成1"图层整体移动至0:00:01:00的位置，如图6-145所示。

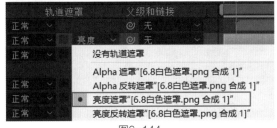

图6-144

图6-145

27 → 将"6.8绿叶.png"素材拖曳至【时间线】面板，鼠标右键选择【预合成】，设置【新合成名称】为"6.8绿叶.png合成1"，选择"保留'国风片头—山河无恙 人间皆安'中的所有属性"

选项，创建完成后单击▣(视频)图标，将其隐藏，如图6-146所示。

28 → 执行【图层】>【新建】>【纯色】命令，设置【名称】为"粒子"，颜色默认，执行【效果】>【RG Trapcode】>【Particular(粒子)】命令，设置Emitter>Emitter Type为Box，Particles/sec为30，X Rotation为0x+9.0°，Y Rotation为0x+30.0°，Z Rotation为0x+14.0°，Velocity Random为53.0%，Velocity Distribut为1.0，Velocity from Emitt为20.0，如图6-147所示。

29 → 设置Particle(粒子)>Life(seconds)为3.0，Life Random为49%，Particle Type为Sprite，Sprite Controls>Layer为"2.6.8绿叶.png合成1"，如图6-148所示。

30 → 设置Size为6.0，Size Random为60.0%，Rotation>Rotation Z为0x-21.0°，Random Rotation为28.0，Degrees/sec Z为0x+40.0°，Opacity Random为39.0°，设置Environment>Gravity为20.0，如图6-149所示。

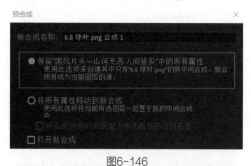

图6-146

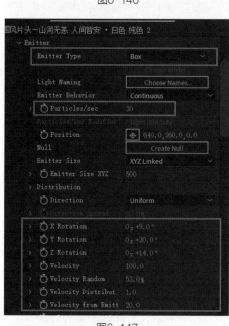

图6-147

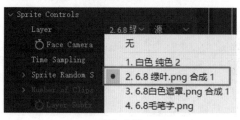

图6-148

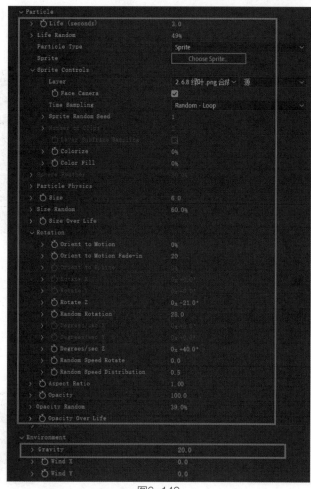

图6-149

31 → 选择"粒子"图层，打开【效果控件】面板，将【当前时间指示器】拖曳至0:00:05:00

处，设置Life(seconds)为3.0，单击Particle(粒子)>Life(seconds)前面的◙(时间变化秒表)；将【当前时间指示器】拖曳至0:00:06:00处，设置【位置】为0.0，至此案例制作完成，最终效果如图6-150所示。

图6-150

技术总结

本节通过国风片头案例，对After Effects 2022软件中平面素材组合画面、人偶控点工具、循环表达式、粒子特效命令的参数设置和应用进行讲解，将平面文字与三维空间镜头运动相结合实现基本运动效果，人偶控点工具与表达式命令实现循环动画效果，最终通过设置粒子效果丰富画面内容，达到案例制作要求。

第7章

雨雾气体大爆炸

本章主要讲解雨雾气体大爆炸效果的制作，通过对案例的学习，读者可以掌握灯光与粒子相结合、雨滴效果、雷电效果、高级闪电效果的制作方法和技巧。

7.1 流动烟雾

教学视频

素材文件：无
案例文件：案例文件 / 第 7 章 /7.1 流动烟雾 .aep
视频教学：视频教学 / 第 7 章 /7.1 流动烟雾 .mp4
技术要点：熟悉【灯光层】和 Particular 特效命令的综合运用

案例思路

本案例主要介绍在After Effects 2022软件中利用灯光层和外置粒子插件配合来模拟流动烟雾的效果，展示影视特效中流动烟雾的制作原理。

制作步骤

1. 前期制作

01 → 新建项目，设置【预设】为HDV/HDTV 720 25，【持续时间】为0:00:10:00，如图7-1所示。

02 → 执行【图层】>【新建】>【灯光】命令，设置【名称】Emitter，【灯光类型】为"点"，【颜色】为"白色"，如图7-2所示。

03 → 选择"灯光1"，按键盘上的P

图7-1

键，在时间线0:00:00:00处，设置【位置】为142.1,412.4,-444.4，如图7-3所示；在时间线0:00:03:24处，设置【位置】为750.2,174.7,446.8；在时间线0:00:07:00处，设置【位置】为1236.9,427.5,985.2；在时间线0:00:09:24处，设置【位置】为1065.6,738.6,1242.2。

04 → 执行【图层】>【新建】>【摄像机】命令，创建"摄像机1"图层，如图7-4所示。

图7-2

图7-3

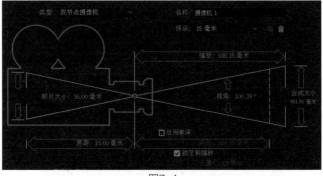

图7-4

05 → 执行【图层】>【新建】>【纯色】命令，如图7-5所示。设置【名称】为"粒子烟"，【宽度】为"1280像素"，【高度】为"720像素"，【颜色】为"黑色"。

2. 制作粒子烟雾

01 → 执行【效果】>【RG Trapcode】>【Particular】命令，如图7-6所示，设置【名称】为"粒子烟"。

图7-5

图7-6

02 → 设置Emitter Type为Light(s)，Light Naming为Emitter，Direction为Directional，如图7-7所示。

03 → 选择"灯光1"图层，更改名称为Emitter，如图7-8所示。

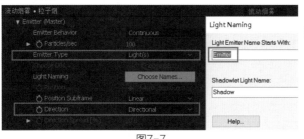

图7-7

图7-8

04 → 设置Emitter Size为XYZ Individual，Emitter Size X为0，Emitter Size Y为0，Emitter Size Z为0，如图7-9所示。

05 → 在Particle(Master)选项中，设置Life[sec]为2.5，Life Random[%]为37，Particle Type为Streaklet，如图7-10所示。

06 → 设置Size为72.0，Size Random[%]为31.0，Opacity为53.0，Opacity Random[%]为52.0，如图7-11所示。

图7-9

图7-10

图7-11

07 → 在Streaklet选项中，设置Number of Streaks为5，Streak Size为111，如图7-12所示。

08 → 设置Physics Model为Air，Turbulence Field > Affect Position为73.0，如图7-13所示。

图7-12

图7-13

技术总结

本节讲解在After Effects 2022软件中制作流动烟雾特效的方法，灯光层与粒子层的结合，调节粒子的物理效果会使画面更加真实。

7.2 雷雨

教学视频

素材文件：素材文件 / 第 7 章 /7.2 雷雨

案例文件：案例文件 / 第 7 章 /7.2 雷雨 .aep

视频教学：视频教学 / 第 7 章 /7.2 雷雨 .mp4

技术要点：熟悉 CC Rainfall 和【高级闪电】特效命令的综合运用

案例思路

本案例使用CC Rainfall和【高级闪电】特效命令来模拟雷雨的效果，制作思路是导入环境素材，利用纯色层添加雨滴特效，同时添加闪电效果。

制作步骤

1. 下雨效果

01 → 新建项目，设置【预设】为HDV/HDTV 720 25，【持续时间】为0:00:08:00，如图7-14所示。

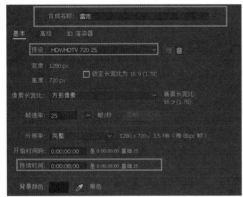

图7-14

图7-15

02 → 双击【项目】面板的空白处，在弹出的【导入文件】对话框中，导入"7.2素材.jpg"作为素材，拖曳至时间线面板中，如图7-15所示。

03 → 执行【图层】>【新建】>【纯色】命令，设置【名称】为"雷雨"，【宽度】为"1280像素"，【高度】为"720像素"，【颜色】为"黑色"，如图7-16所示。

04 → 执行【效果】>【模拟】>【CC Rainfall】命令，如图7-17所示。

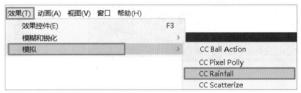

图7-16　　　　　　　　　　　　图7-17

05 → 在CC Rainfall选项中，设置Drops为15900，Size为3.22，Scene Depth为6610，Wind为800.0，Spread为6.0，设置Background Reflection > Influence%为70.0，如图7-18所示。

06 → 设置"雷雨"图层的【模式】为"相加"，如图7-19所示。

07 → 执行【图层】>【新建】>【纯色】命令，如图7-20所示。

08 → 设置【名称】为"闪电"，【宽度】为"1280像素"，【高度】为"720像素"，【颜色】为"黑色"，执行【效果】>【生成】>【高级闪电】命令，如图7-21所示。

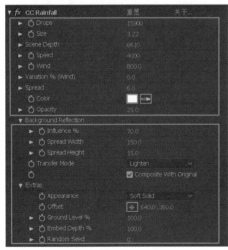

图7-18

图7-19

图7-20

图7-21

09 → 设置【源点】为542.0,-38.0，【方向】为697.0,515.0，【发光设置】>【发光不透明度】为35.0%，【发光颜色】为R:218,G:218,B:251，【Alpha 障碍】为1.30，【衰减】为0.10，如图7-22所示。

10 → 设置【专家设置】>【最小分叉距离】为102，如图7-23所示。

11 → 执行【效果】>【过渡】>【线性擦除】命令，设置【过渡完成】为32%，【擦除角度】为0×-9.0°，【羽化】为41.0，如图7-24所示。

2. 闪电效果合成

01 → 选择"闪电"图层，在【高级闪电】>【传导率状态】中，按住键盘上的Alt键，单击【传导率状态】左侧的◎(时间变化秒表)图标，设置【表达式：传导…】为time*100，如图7-25所示。

图7-22

图7-23

图7-24

图7-25

02 → 查看案例最终效果，如图7-26所示。

图7-26

技术总结

雨滴和雷电是在影视后期特效制作中经常用到的效果。在After Effects 2022软件中，除了本案例使用的特效命令，还有许多方法可以实现雷雨效果。

7.3 雪飘

教学视频

素材文件：素材文件 / 第 7 章 /7.3 雪飘

案例文件：案例文件 / 第 7 章 /7.3 雪飘 .aep

视频教学：视频教学 / 第 7 章 /7.3 雪飘 .mp4

技术要点：熟悉【粒子运动场】【高斯模糊（旧版）】【发光】特效命令的综合运用

案例思路

本案例是以图片、视频与影视特效命令相结合的方式来展现飘雪的效果，以粒子运动场来实现飘雪，高斯模糊(旧版)来展现雪花质感，配合发光命令提升画面亮度。

制作步骤

1. 制作飘雪粒子

01 → 新建项目，设置【预设】为HDV/HDTV 720 25，【持续时间】为0:00:05:00，如图7-27所示。

02 → 双击【项目】面板的空白处，在弹出的【导入文件】对话框中，导入"7.3 图片素材.jpg"作为素材，拖曳至时间线面板中，如图7-28所示。

图7-27　　　　　　　　　　　　　　　　　图7-28

03 → 执行【图层】>【新建】>【纯色】命令，如图7-29所示。

04 → 执行【效果】>【模拟】>【粒子运动场】命令，如图7-30所示。

图7-29　　　　　　　　　　　　　　　图7-30

05 → 设置【粒子运动场】>【位置】为626.0,-70.0，【圆筒半径】为535.0.0，【每秒粒子数】为60.00，【方向】为0×+120.0°，【随机扩散方向】为20.00，【速率】为130.00，【随机扩散速率】为47.00，【颜色】为"白色"，【粒子半径】为5.00，如图7-31所示。

06 → 设置【重力】>【力】为120.00，【随机扩散力】为0，【方向】为0×+180.0°，如图7-32所示。

07 → 查看画面效果，如图7-33所示。

图7-31

2. 飘雪效果合成

01 → 执行【效果】>【过时】>【高斯模糊(旧版)】命令，设置【模糊度】为6.8，【模糊方向】为"水平和垂直"，如图7-34所示。

图7-32

图7-33

图7-34

02▸ 查看画面效果，如图7-35所示。

03▸ 执行【效果】>【风格化】>【发光】命令，设置【发光阈值】为47.8%，【发光半径】为48.0，【发光强度】为4.1，如图7-36所示。

图7-35

图7-36

04▸ 查看案例最终效果，如图7-37所示。

图7-37

技术总结

本案例讲解After Effects 2022软件中粒子运动场和高斯模糊效果的使用，在模糊设置方面还可以拓展研究运动模糊、矢量模糊等特效。

7.4 地爆

教学视频

素材文件：素材文件/第7章/7.4 地爆
案例文件：案例文件/第7章/7.4 地爆.aep
视频教学：视频教学/第7章/7.4 地爆.mp4
技术要点：熟悉CC Particle World(CC粒子仿真世界)，以及【高斯模糊(旧版)】【发光】特效命令的使用方法

案例思路

本案例主要介绍地爆火焰效果的制作方法，将纯色层和摄像机层进行相互配合，添加CC粒子仿真世界特效形成火焰喷射的效果，最后添加高斯模糊和发光效果，实现地爆效果动态模拟。

制作步骤

1. 制作地爆粒子

01 → 新建项目，设置【预设】为HDV/HDTV 720 25，【持续时间】为0:00:10:00，如图7-38所示。

02 → 双击【项目】面板的空白处，在弹出的【导入文件】对话框中，导入"7.4 图片素材.jpg"作为素材，拖曳至时间线面板中，如图7-39所示。

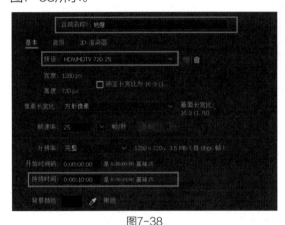

图7-38

图7-39

03 → 执行【图层】>【新建】>【纯色】命令，如图7-40所示。

04 → 设置【名称】为"地爆"，执行【效果】>【模拟】>【CC Particle World】命令，如图7-41所示。

图7-40

图7-41

05 → 执行【图层】>【新建】>【摄像机】命令，在弹出的对话框中进行设置，如图7-42所示。

06 → 选择"地爆"图层，设置CC Particle World > Birth Rate为1.0，Physics > Animation为Twirly，Gravity为0，单击工具栏上的■(统一摄像机工具)，结合摄像机进行调整，如图7-43所示。

2. 地爆效果合成

01 → 执行【效果】>【过时】>【高斯

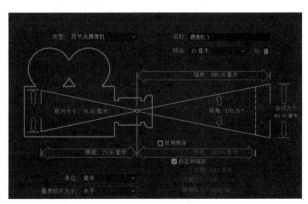

图7-42

模糊(旧版)】命令，设置【模糊度】为3.2。执行【效果】>【风格化】>【发光】命令，设置【发光阈值】为27.1%，【发光半径】为8.0，【发光强度】为1.0，如图7-44所示。

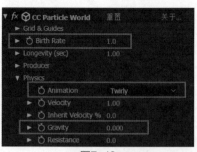

02 → 按键盘上的快捷键Ctrl+D，进行三次复制，选择最上方的"地爆"图层，按键盘上的Delete键删除"高斯模糊(旧版)"，如图7-45所示。

图7-43   图7-44

图7-45

03 → 执行【图层】>【新建】>【纯色】命令，如图7-46所示。

04 → 设置【名称】为"地爆光"，执行【效果】>【模拟】>【CC Particle World】命令，如图7-47所示。

图7-46   图7-47

05 → 在CC Particle World选项中，设置Birth Rate为5.5，Physics > Animation为Fire，Velocity为2.00，设置Particle > Particle Type为Faded Sphere，Birth Size为0.420，Death Size为0.630，如图7-48所示。

图7-48

06 → 查看案例最终效果，如图7-49所示。

图7-49

技术总结

本节通过"地爆"案例，对After Effects 2022软件中CC粒子仿真世界、高斯模糊及发光效果进行讲解，这类特效在游戏动画领域的应用极为广泛。

7.5 房屋倒塌

教学视频

素材文件：素材文件 / 第 7 章 /7.5 房屋倒塌
案例文件：案例文件 / 第 7 章 /7.5 房屋倒塌 .aep
视频教学：视频教学 / 第 7 章 /7.5 房屋倒塌 .mp4
技术要点：熟悉【碎片】和【线性擦除】特效命令的使用方法

案例思路

本案例主要介绍房屋倒塌特效的制作，首先对建筑类的图片素材进行处理，然后利用碎片特效来模拟破碎的效果，最后为了体现真实性又加入烟雾素材。

制作步骤

1. 粒子替换

01 → 新建项目，设置【预设】为HDV/HDTV 720 25，【持续时间】为0:00:02:00，如图7-50所示。

02 → 双击【项目】面板的空白处，查找素材路径，导入素材"7.5 烟雾素材序列""7.5 图片素材.jpg""7.5 图片素材1.png"，如图7-51所示。

03 → 将"7.5 图片素材.jpg""7.5 图片素材1.png"拖曳至时间线面板中，按键盘上的P键，设置【位置】为154.0,418.0，如图7-52所示。

图7-50

图7-51

图7-52

04 → 选择"7.5 图片素材1.png"，执行【效果】>【模拟】>【碎片】命令，设置【视图】为"已渲染"，【形状】>【图案】为【玻璃】，【重复】为70.00，【作用力1】>【位置】为930.0,158.0，【半径】为0.20，如图7-53所示。

05 → 将"7.5 烟雾素材序列.png"拖曳至时间线面板中，单击工具栏上的【选取工具】，向左移动素材，使烟雾和倒塌效果匹配，如图7-54所示。

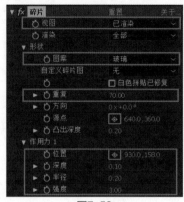

图7-53

图7-54

2. 最终效果合成

01 → 选择"7.5 烟雾素材序列.png"素材，执行【效果】>【过渡】>【线性擦除】命令，设置【过渡完成】为47%，【擦除角度】为1×+178.0°，【羽化】为70.0，如图7-55所示。

图7-55

02 → 查看案例最终效果，如图7-56所示。

图7-56

技术总结

本节通过"房屋倒塌"案例，对After Effects 2022软件中碎片特效、线性擦除等功能的设置和应用进行讲解。案例中巧妙地运用单体建模素材创建倒塌效果，最后加入烟雾特效模拟真实的倒塌场景。

综合案例

本章主要内容为各种影视特效命令和技巧的综合应用，通过本章的学习，读者可以将前面所学的知识融会贯通，并应用于实际项目。通过对影视特效、游戏特效和栏目广告案例的综合讲解，使读者了解不同领域、不同案例的制作方法和要领，以便制作出更加专业化的影视特效合成短片。

8.1 影视特效

教学视频

素材文件：素材文件 / 第 8 章 /8.1 影视特效
案例文件：案例文件 / 第 8 章 /8.1 影视特效 .aep
视频教学：视频教学 / 第 8 章 /8.1 影视特效 .mp4
技术要点：熟悉【色阶】【曲线】【追踪摄像机】等特效命令的综合运用

案例思路

本案例主要讲解影视特效中3D跟踪技术、外置插件Form粒子和Real Grow的参数设置及使用技巧，是通过为实拍视频素材添加特效的方式来实现的，使读者掌握添加粒子特效的方法。

制作步骤

1. 视频校色与剪切

01 → 新建项目，设置【预设】为"自定义720 30"，【帧速率】为30帧/秒，【持续时间】为 0:00:22:02，如图8-1所示。

02 → 双击【项目】面板的空白处，在弹出的【导入文件】对话框中，导入"8.1视频素材.mp4"作为素材，拖曳至时间线面板中，如图8-2所示。

图8-1

图8-2

03 → 执行【图层】>【新建】>【调整图层】命令，如图8-3所示。

04 → 选择"调整图层1"，执行【效果】>【颜色校正】>【色阶】命令，设置【输出白色】为138.0，如图8-4所示。

05 → 执行【效果】>【颜色校正】>【曲线】命令，设置【红色】和【绿色】为"曲线"，视频画面由白天变成黑夜，如图8-5所示。

图8-3

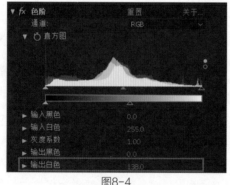
图8-4

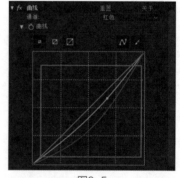
图8-5

06 → 选择"8.1视频素材"，将【当前时间指示器】拖曳至0:00:12:25处，按键盘上的快捷键Ctrl+Shift+D，将视频切分为两段，如图8-6所示。

07 → 选择上方的"8.1视频素材"，将【当前时间指示器】拖曳至0:00:20:28处，按键盘上的快捷键Alt+]，对视频尾部进行剪切，将中间的"8.1视频素材"重命名为"8.1视频素材2"，如图8-7所示。

图8-6

图8-7

2. 3D跟踪与形状图层

01 → 选择"8.1视频素材2"，执行【动画】>【跟踪摄像机】命令，如图8-8所示。

02 → 等待3D跟踪计算，效果如图8-9所示。

03 → 选择"8.1视频素材2"，设置跟踪点，如图8-10所示。

04 → 单击鼠标右键，执行快捷菜单中的【创建实底】命令，如图8-11所示。

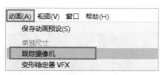

图8-8

图8-9

图8-10

图8-11

提示

跟踪摄影机时可执行如下操作。
- 创建实底：生成一个纯色层，用来限定跟踪范围。
- 创建文本：生成一个文本层和3D跟踪摄像机。
- 创建空白：生成一个空白层和3D跟踪摄像机。

05 → 执行【图层】>【新建】>【形状图层】命令，如图8-12所示。

06 → 勾选 (3D图层)图标，分别选择"形状图层1""跟踪实底1"，按键盘上的P键，展开【位置】属性，选择【跟踪实底1】下的【位置】，按键盘上的快捷键Ctrl+C进行复制，选择"形状图层1"，按键盘上的快捷键Ctrl+V进行粘贴，使两个图层的位置信息保持一致，如图8-13所示。

图8-12

图8-13

07 → 选择"形状图层1"，执行【形状图层1】>【添加】>【矩形】命令，重复刚才的操作，执行【形状图层1】>【添加】>【描边】命令，这样创建一个带有白色描边的小矩形，如图8-14所示。

08 → 设置【形状图层1】>【内容】>【矩形路径1】>【大小】为1875.0,1875.0，如图8-15所示。

09 → 设置【形状图层1】>【内容】>【描边宽度】为8.0，如图8-16所示。

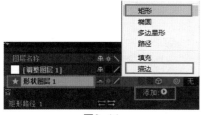

图8-14

图8-15

图8-16

10 → 设置【形状图层1】>【变换】>【位置】为584.1,754.3,4955.6，【Y轴旋转】为0×-15.0°，如图8-17所示。

11 → 选择"形状图层1"，将【当前时间指示器】拖曳至0:00:13:12处，按键盘上的快捷键Alt+[，向左进行剪切，如图8-18所示。

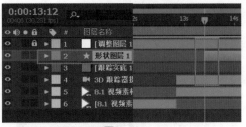

图8-17   图8-18

12 → 选择"形状图层1"，执行【添加】>【修剪路径】命令，如图8-19所示。

13 → 将【当前时间指示器】拖曳至0:00:13:12处，设置【修剪路径】>【开始】为100.0%，如图8-20所示。

14 → 将【当前时间指示器】拖曳至0:00:14:09处，设置【修剪路径】>【开始】为0.0%，如图8-21所示。

图8-19   图8-20   图8-21

15 → 将【当前时间指示器】拖曳至0:00:13:21处，设置【修剪路径1】>【偏移】为0×+0.0°，如图8-22所示。

16 → 将【当前时间指示器】拖曳至0:00:14:01处，设置【修剪路径】>【偏移】为0×+-98.0°，如图8-23所示。

17 → 选择"形状图层1"，按键盘上的快捷键Ctrl+D进行复制，选择新复制出的"形状图层2"，设置【Z轴旋转】为0×+45.0°，如图8-24所示。

图8-22   图8-23   图8-24

18 → 选择"形状图层2"，按键盘上的快捷键Ctrl+D，继续进行复制；选择"形状图层3"，展开【内容】选项，删除"矩形路径1"，执行【添加】>【椭圆】命令，生成一个椭圆形状，如图8-25所示。

19 → 设置【椭圆路径1】>【大小】为930.0,930.0，如图8-26所示。

130

图8-25　　　　　　　　　　　　　　　　　　图8-26

20 → 选择"椭圆路径1""修剪路径1""描边1"三个图层，在键盘上按快捷键Ctrl+G，生成"组1"，如图8-27所示。

21 → 选择"组1"，按键盘上的快捷键Ctrl+D，生成"组2"，展开【内容】选项，删除【组2】>【椭圆路径1】行，执行【添加】>【矩形】命令，生成"矩形路径1"，设置【矩形路径1】>【大小】为539.0,539.0，如图8-28所示。

图8-27　　　　　　　　　　　　　　　　　　图8-28

3. 光效制作与合成

01 → 执行【图层】>【新建】>【纯色】命令，设置【名称】为"粒子光1"，将其拖曳至"调整图层1"下方，如图8-29所示。

02 → 选择"粒子光1"，执行【效果】>【RG Trapcode】>【Form】命令，如图8-30所示。

图8-29　　　　　　　　　　　　　　　　　　图8-30

03 → 设置【Form】>【基础形式】为"盒子-线条"，【尺寸X】为2930，【Y轴粒子】为254，【Z轴粒子】为1，【位置】为584.1,754.3,4955.6，【Y旋转】为0×-15.0°，如图8-31所示。分别取消选中"形状图层1""形状图层2"和"形状图层3"左侧的 (显示)图标。

04 → 设置【Form】>【图层贴图(主要)】>【颜色 and Alpha】>【图层】为"5.形状图层1"，【功能】为"A到A"，【贴图叠加】为"XY"，如图8-32所示。

05 → 设置【Form】>【尺寸】为XYZ 独立，【尺寸X】为7470，【尺寸Y】为3450，【尺寸Z】为500，【位置】为584.1,141.3,4955.6，【线条设置】>【尺寸随机(%)】为22，如图8-33所示。

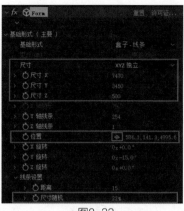

图8-31   图8-32   图8-33

提示

    Form一般用来制作液体、复杂有机图案、复杂几何学结构和漩涡动画，将其他层作为贴图，使用不同参数，可以进行无止境的独特设计。

06 → 设置【粒子(主要)】>【尺寸随机(%)】为68，如图8-34所示。

07 → 选择"粒子光1"，执行【效果】>【JAe Tools】>【Real Glow】命令，如图8-35所示。

08 → 更改"粒子光1"图层的模式为"相加"。设置【Real Glow】>【辉光强度】为2.20，【辉光模式】为"添加"，勾选【启用色调】复选框，设置【色调】为"橘红色(R:255,G:83,B:0)"【色调模式】为"柔软"，如图8-36所示。

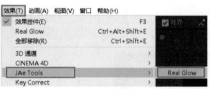

图8-34   图8-35   图8-36

09 → 选择"粒子光1"，按键盘上的快捷键Ctrl+D，复制新图层，重命名为"粒子光2"，选择"粒子光2"，设置【Form】>【图层贴图(主要)】>【颜色 and Alpha】>【图层】为"6.形状图层2"，如图8-37所示。

10 → 重复上一步操作，选择"粒子光2"，按键盘上的快捷键Ctrl+D，复制新图层，重命名为"粒子光3"，选择"粒子光3"，设置【Form】>【图层贴图(主要)】>【颜色 and Alpha】>图层为"5.形状图层3"，如图8-38所示。

图8-37   图8-38

11 → 设置图层错位效果，选择"粒子光2"，将其拖曳至0:00:13:23处，如图8-39所示。

12 → 选择"粒子光3"，将其拖曳至0:00:14:04处，如图8-40所示。

13 → 查看案例最终效果，如图8-41所示。

图8-39

图8-40

图8-41

技术总结

通过本案例，读者应该熟练掌握After Effects 2022软件的影视特效制作技巧了。案例中的效果是当下十分流行的3D跟踪视频特效，与主流App的模板特效相比，真实性更强。

8.2 游戏特效

教学视频

素材文件：素材文件 / 第8章 /8.2 游戏特效
案例文件：案例文件 / 第8章 /8.2 游戏特效 .aep
视频教学：视频教学 / 第8章 /8.2 游戏特效 .mp4
技术要点：熟悉【碎片】【曲线】【内阴影】【斜面和浮雕】【填充】特效命令的综合运用

案例思路

本案例简单介绍了After Effects 2022软件中文本颜色的填充及随机色相的动画设置，使读者对文本色彩闪烁效果的制作有全新的认识；通过为静帧图片素材添加特效的方式来实现墙壁破碎的效果，包括墙皮碎裂的参数设置和颜色填充，让读者掌握影视特效中游戏片头特效的制作方法。

制作步骤

01 → 新建项目，设置【预设】为HDV/HDTV 720 25，【持续时间】为0:00:05:00，如图8-42所示。

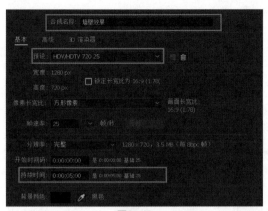

图8-42

图8-43

02 → 双击【项目】面板的空白处，在弹出的【导入文件】对话框中，导入"8.2素材.jpg""8.2素材1.png"作为素材，如图8-43所示。

03 → 拖曳素材至时间线面板中，效果如图8-44所示。

04 → 执行【图层】>【预合成】命令，在弹出的对话框中设置【新合成名称】为"背景"，选择【保留"墙壁效果"中的所有属性】单选按钮，如图8-45所示。

图8-44

图8-45

05 → 单击工具栏上的 T(横排文字工具)，在【合成 墙壁效果】窗口中输入文字"游戏特效"，设置【填充颜色】为R:76,G:74,B:74，如图8-46所示。

06 → 选择"游戏特效"文字图层，执行【图层】>【预合成】命令，设置【新合成名称】为"游戏特效 合成1"，如图8-47所示。

图8-46

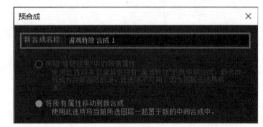

图8-47

07 → 双击"游戏特效 合成1"进入文字层内部，如图8-48所示。

08 → 将"8.2素材1.png"拖曳至时间线面板中，如图8-49所示。

09 → 执行【图层】>【新建】>【调整图层】命令，执行【效果】>【生成】>【填充】命令，设置【填充】>【颜色】为R:60,G:60,B:60，如图8-50所示。

图8-48

图8-49

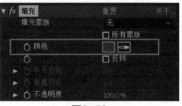

图8-50

10 ⇒ 双击"背景"进入图层内部，设置RGB、【红色】的曲线形状，如图8-51所示。

11 ⇒ 退出"背景"图层内部，设置【模式】为"相乘"，如图8-52所示。

12 ⇒ 查看画面效果，如图8-53所示。

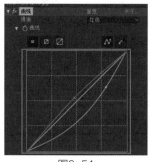

图8-51　　　　　　　图8-52　　　　　　　　　　　图8-53

13 ⇒ 选择"游戏特效 合成1"图层，执行【图层】>【图层样式】>【内阴影】命令，设置【内阴影】>【角度】为0×+90.0°，【距离】为3.0，【大小】为9.0，如图8-54所示。

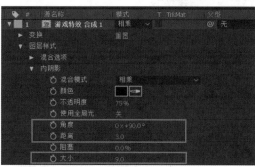

图8-54

14 ⇒ 执行【图层】>【图层样式】>【斜面和浮雕】命令，设置【斜面和浮雕】下的【样式】为"外斜面"，【方向】为"向下"，【大小】为2.0，【柔化】为1.3，如图8-55所示。

图8-55

提示

常用图层样式介绍如下。

● 内阴影：一般用来增强字体或图形的真实效果。

● 斜面和浮雕：一般用来表现物体的石雕质感。

15 ⇒ 选择"背景"图层，按键盘上的快捷键Ctrl+D，复制新图层，重命名为"背景1"，如图8-56所示。

16 ⇒ 执行【图层】>【预合成】命令，弹出【预合成】对话框，设置【新合成名称】为"爆炸"，选择【将所有属性移动到新合成】单选按钮，如图8-57所示。

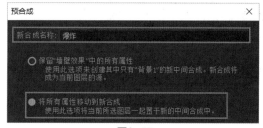

图8-56　　　　　　　　　　　　　图8-57

17 ⇒ 双击"爆炸"进入图层内部，将"游戏特效 合成1"拖曳至时间线面板中，如图8-58所示。

135

18 → 设置"背景1"图层的【轨道遮罩】为"Alpha遮罩"[游戏特效 合成1]"",如图8-59所示。

图8-58　　　　　　　　　图8-59

19 → 查看画面效果,如图8-60所示。

图8-60

20 → 选择"游戏特效 合成1"和"背景1"图层,如图8-61所示。

21 → 执行【图层】>【预合成】命令,设置【新合成名称】为"字体合成",如图8-62所示。

22 → 选择"字体合成",执行【效果】>【模拟】>【碎片】命令,设置【碎片】>【视图】为"已渲染",【渲染】为"块",【形状】>【图案】为"玻璃",【重复】为50.00,【作用力1】>【深度】为0.05,【半径】为0.20,【强度】为0,如图8-63所示。

  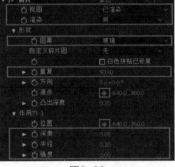

图8-61　　　　　　　　　图8-62　　　　　　　　　图8-63

23 → 将【当前时间指示器】拖曳至0:00:00:09处,在【碎片】>【作用力1】下,设置【位置】为-52.0,318.0,如图8-64所示。

24 → 将【当前时间指示器】拖曳至0:00:02:00处,设置【作用力1】下的【位置】为1370.0,318.0,如图8-65所示。

图8-64　　　　　　　　　图8-65

25 → 设置【物理学】>【旋转速度】为1.00,设置【随机性】为1.00,如图8-66所示。

26 → 回到"墙壁效果"图层,将"游戏特效 合成1"与"爆炸"图层进行上下位置互换,如图8-67所示。

图8-66

图8-67

27 → 查看画面效果，如图8-68所示。

图8-68

28 → 在【项目】面板中，选择"爆炸"图层，按键盘上的快捷键Ctrl+D，复制出新图层"爆炸2"，如图8-69所示。

29 → 选择"爆炸2"图层，设置【碎片】>【强度】为0，【物理学】>【旋转速度】为0，【随机性】为0，【黏度】为0，【大规模方差】为0%，【重力】为0，如图8-70所示。

图8-69

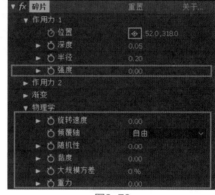

图8-70

30 → 回到"墙壁效果"图层，选择"游戏特效 合成1"，按键盘上的快捷键Ctrl+Shift+C进行预合成，设置【新合成名称】为"游戏特效 合成2"，选择【保留"墙壁效果"中的所有属性】单选按钮，如图8-71所示。

31 → 双击"游戏特效 合成2"进入图层内部，将【项目】面板中的"爆炸2"图层拖曳至下面，如图8-72所示。

图8-71

图8-72

32 → 设置"游戏特效 合成1"图层的【轨道遮罩】为"Alpha遮罩"爆炸2""，【新合成名称】为"游戏特效 合成2"，选择【保留"墙壁效果"中的所有属性】单选按钮，双击"游戏特效 合成2"进入图层内部，将【项目】面板中的"爆炸2"图层拖曳至下面，如图8-73所示。

33 ➤ 选择"爆炸"图层，按键盘上的快捷键Ctrl+D进行复制，重命名为"爆炸阴影"，将其选中，执行【效果】>【生成】>【填充】命令，设置【填充】>【颜色】为"黑色"，如图8-74所示。

图8-73

图8-74

34 ➤ 执行【效果】>【模糊和锐化】>【CC Radial Blur】命令，设置Type为Fading Zoom，Amount为8.0，Center为654.0,-308.0，如图8-75所示。

35 ➤ 回到【爆炸效果】，最终效果如图8-76所示。

图8-76

技术总结

本节通过"游戏特效"案例，讲解After Effects 2022软件中内阴影、碎片等效果的设置和应用。案例中巧妙地运用多个轨道蒙版合成创建墙裂效果，最后加入碎片和模糊特效模拟文字破碎效果。

8.3 栏目广告

教学视频

素材文件：素材文件 / 第 8 章 /8.3 栏目广告
案例文件：案例文件 / 第 8 章 /8.3 栏目广告 .aep
视频教学：视频教学 / 第 8 章 /8.3 栏目广告 .mp4
技术要点：熟悉 Particular、Starglow、Optical Flares，以及【亮度遮罩】【提取】特效命令的综合运用

案例思路

本案例通过给《文明之光》栏目三维素材添加灯光特效的方式来实现广告效果，主要讲解影视特效中Particular粒子插件、Starglow星光插件和Optical Flares镜头耀斑插件的参数设置及使用方法。

制作步骤

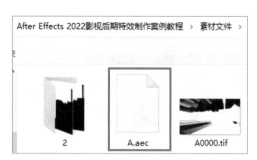

图8-77

01 → 双击【项目】面板的空白处，在弹出的【导入文件】对话框中，导入A.aec作为素材，如图8-77所示。

02 → 在【项目】面板中，双击A图层，如图8-78所示。

03 → 选择"灯光"所有层，按键盘上的Delete键进行删除，如图8-79所示。

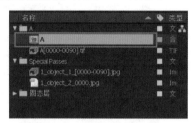

图8-78

图8-79

04 → 选择"A[0000…0].tif"，按键盘上的快捷键Ctrl+D进行复制，隐藏下方的"A[0000…0].tif"，如图8-80所示。

05 → 将【项目】面板中的"1_object_1_[0000-0090].jpg"拖曳至A[0000…0].tif的上方，如图8-81所示。

图8-80

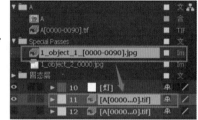

图8-81

06 → 设置A[0000…0].tif图层的Trk Mat为"亮度遮罩"[1 object 1[0000…0090].jpg]""，如图8-82所示。

07 → 选择1 object 1[0000…0090].jpg和A[0000…0].tif两个图层，按键盘上的快捷键Ctrl+Shift+C进行预合成，设置【新合成名称】为"阴影"，将其拖曳至最下方，取消选中 (显示)图标，如图8-83所示。

图8-82

图8-83

08 → 再次将【项目】面板中的1_object_1_[0000-0090].jpg拖曳至A[0000…0].tif的上方，如图8-84所示。

09 → 设置A[0000…0].tif图层的Trk Mat为"亮度反转遮罩"[1_object _1_[0000-0090].jpg]""，如图8-85所示。

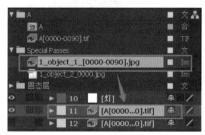

图8-84

10 → 选择1 object 1[0000…0090].jpg和A[0000…0].tif两个图层，按键盘上的快捷键Ctrl+Shift+C进行预合成，设置【新合成名称】为"文字"，如图8-86所示。

图8-85

图8-86

11 → 选择"文字"图层，按键盘上的快捷键Ctrl+D进行复制，重命名为"文字1"，隐藏"文字"和"阴影"两个图层，如图8-87所示。

图8-87

12 → 选择"文字1"图层，执行【效果】>【抠像】>【提取】命令，设置【提取】>【黑场】为227，如图8-88所示。

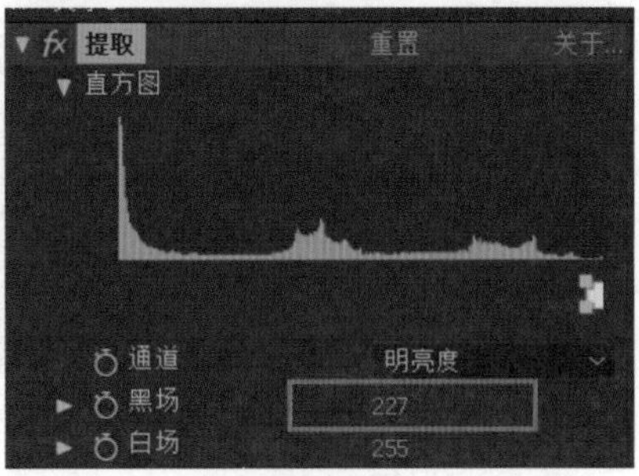

13 → 执行【效果】>【RG Trapcode】>【Starglow】命令，设置Colormap A > Color为"蓝色(R:22,G:19, B:255)"，如图8-89所示。

14 → 设置Colormap B > Color为48.0，【发光强度】为"粉红色(R:250,G:10, B:179)"，显示所有图层，如图8-90所示。

图8-88

图8-89

图8-90

15 → 执行【图层】>【新建】>【纯色】命令，设置【名称】为"粒子"，如图8-91所示。

16 → 选择"粒子"，按键盘上的快捷键Ctrl+Shift+C进行预合成，设置【新合成名称】为"粒

子 合成1"，如图8-92所示。

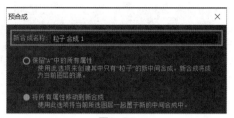

图8-91   图8-92

17 → 双击"粒子 合成1"进入内部，执行【效果】>【RG Trapcode】>【Particular】命令，设置Emitter(Master) > Particles/sec为200，Emitter Size为XYZ Individual，Emitter Size X为1759，Emitter Size Y为721，Emitter Size Z为1019，如图8-93所示。

18 → 设置Particle(Master) > Life[sec]为4.3，Life Random[%]为35，Size为20.0，如图8-94所示。

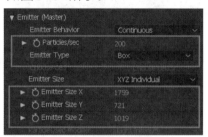

图8-93   图8-94

图8-95

19 → 设置Size over Life、Opacity over Life为如图8-95所示的形态。

20 → 设置Set Color为"蓝色(R:114,G:7,B:211)"，Color Random[%]为69.0，如图8-96所示。

21 → 回到A图层，将"粒子 合成1"拖曳至"文字"图层上方，开启 ⬡(3D图层-允许在三维中操作此图层)，设置【粒子 合成1】>【位置】为588.0,567.0,163.0，【方向】为90.0°,0.0°,0.0°，如图8-97所示。

图8-96

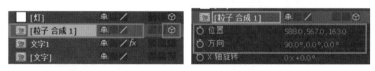

图8-97

22 → 执行【图层】>【新建】>【纯色】命令，设置【名称】为"灯光"，如图8-98所示。

23 → 执行【效果】>【Video Copilot】>【Optical Flares】命令，设置Optical Flares中的Options选项，单击【清除所有】按钮，如图8-99所示。

图8-98 图8-99

24 → 单击右侧的【辉光】和【光线】，单击OK按钮，如图8-100所示。

25 → 将"灯光"拖曳至"粒子 合成1"图层上方，设置Optical Flares >【位置模式】>【来源类型】为3D，如图8-101所示。

图8-100 图8-101

提示

Optical Flares选项解析如下。

- Options：内置了丰富的灯光库，可以搭配不同组合，实现用户满意的效果。
- 位置模式：在【来源类型】下拉列表中，2D代表二维模式，3D代表三维模式。

26 → 设置Optical Flares >【位置XY】为56.0,567.0，【位置Z】为163.0，【颜色】为"紫罗兰色(R:248,G:11,B:178)"，【灯光】模式为"相加"，如图8-102所示。

27 → 选择"灯光"图层，按键盘上的快捷键Ctrl+D进行复制，重命名为"灯光1"，如图8-103所示。

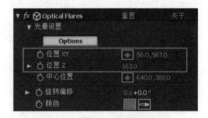

图8-102

28 → 设置【位置XY】为-929.0,485.0，【位置Z】为-47.0，【颜色】为"浅蓝色(R:154,G:162,B:255)"，如图8-104所示。

图8-103

29 → 选择"灯光1"，按键盘上的快捷键Ctrl+D进行复制，重命名为"灯光2"，设置【位置XY】为1078.0,485.0，【位置Z】为-47.0，如图8-105所示。

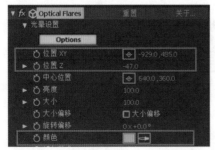

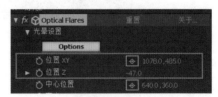

图8-104 图8-105

30 → 查看案例最终效果，如图8-106所示。

图8-106

技术总结

本案例讲解了栏目广告特效的制作方法，这是一个综合性极强的案例，具有一定的制作难度，分别采用三维渲染素材和外置光效插件，三维灯光素材与外置粒子插件相互配合，灵活运用这些技巧，今后在面对复杂项目时才会游刃有余。

8.4 "赛博朋克"风格

教学视频

案例文件：案例文件 / 第 8 章 /8.4 "赛博朋克"风格
案例文件：案例文件 / 第 8 章 /8.4 "赛博朋克"风格 .aep
视频教学：视频教学 / 第 8 章 /8.4 "赛博朋克"风格 .mp4
技术要点：熟悉【3D 跟踪摄像机】【Saber(描边光线)】【图层模式】【渐变擦除】命令
的综合运用

案例思路

本案例通过组合视频素材，运用After Effects 2022软件中的【3D跟踪摄影机】命令进行视频捕捉，再以添加光线特效的方式来实现"赛博朋克"效果，讲解了影视特效插件Saber的应用技巧，三维摄像机跟踪的使用方法，以及图层模式的应用、蒙版路径动画对位等方法。

制作步骤

1. 手持卡片效果制作

01 → 双击【项目】面板的空白处，弹出【导入文件】对话框，导入 "8.4卡片视频1" 作为素材，将其拖曳至【时间线】面板，如图8-107所示。

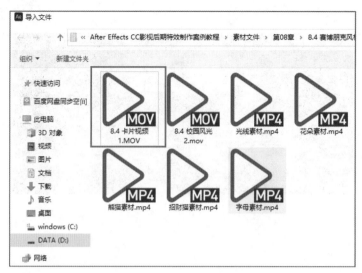

图8-107

02 → 在【时间线】面板中，选择"8.4卡片视频1"，执行【效果】>【颜色校正】>【曲线】命令，如图8-108所示。

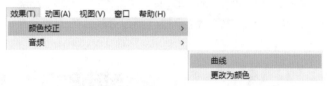

03 → 调整曲线，提高视频的整体亮度，设置如图8-109所示。

图8-108

04 → 选择"8.4卡片视频1"，鼠标右键选择【跟踪和稳定】>【跟踪摄像机】命令，开启三维摄像机自动追踪，如图8-110所示。

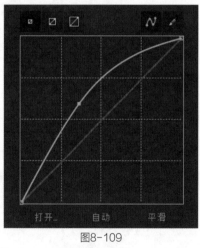

图8-109

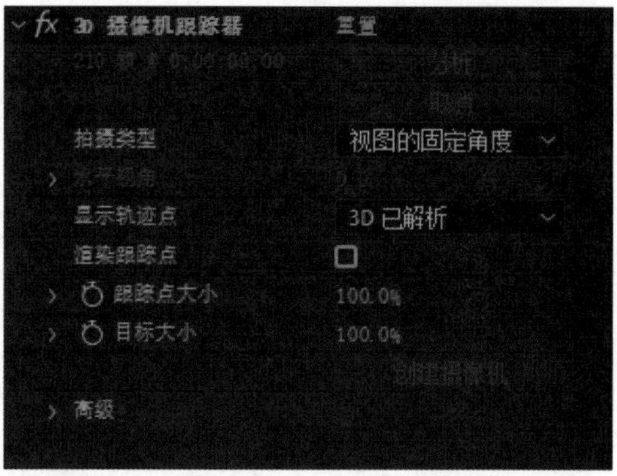

图8-110

05 → 选择合适的跟踪点，单击鼠标右键选择【创建实底和摄像机】命令，在【时间线】面板中生成"3D跟踪器摄像机"和"跟踪实底1"两个图层，如图8-111所示。

06 → 选择"跟踪实底1"，设置【变换】>【位置】为-5880.2,-5344.7,237510.2，取消【缩放】右侧的🔗(约束比例)，设置【缩放】为4727.9,3023.4,3662.0%，设置【方向】为0.2°,357.1°,1.3°，设置【X轴旋转】为0x+2.0°，0x+3.0°，0x+1.0°，使"跟踪实底1"大小符合卡片的外轮廓，完成后单击👁(视频-隐藏来自合成的视频)，隐藏图层，如图8-112所示。

图8-111

图8-112

跟踪点选择和调整的原则如下。

● 选择跟踪点时，将鼠标移动到跟踪点的周围，会不断产生红色的吸附平面，尽量选择面向屏幕的立面。

● 调整跟踪点时，可以参照窗口中三个彩色坐标轴，将坐标轴调整正常，跟踪平面自然就会正常。

07 → 执行【图层】>【新建】>【纯色】命令，设置纯色【名称】为"描边光线"，其他参数为默认，如图8-113所示。

08 → 选择"描边光线"，单击工具栏上的 📝(钢笔工具)，沿着卡片外轮廓绘制钢笔路径，单击 👁(视频-隐藏来自合成的视频)，隐藏图层，如图8-114所示。

09 → 执行【效果】>【Video Copilot】>【Saber(描边光线)】命令，在【效果控件】面板中，设置Saber(描边光线)>【自定义主体】>【主体类型】为"遮罩图层"，如图8-115所示。

10 → 单击"切换开关/模式"，设置【模式】为"屏幕"，效果如图8-116所示。

图8-113

图8-114

跟踪点选择和调整的原则为：绘制路径时，利用鼠标滑轮放大视频后绘制，使路径更加精确。

图8-115　　　　　　　　　　　　　　　图8-116

11 → 选择"描边光线"图层，展开【效果】>【Saber(描边光线)】>【自定义主体】，将【当前时间指示器】拖曳至0:00:00:20处，单击◙(时间变化秒表)，定义关键帧，设置【开始偏移】为0%；将【当前时间指示器】拖曳至0:00:01:10处，设置【开始偏移】为100%，【结束偏移】为0%，如图8-117所示。

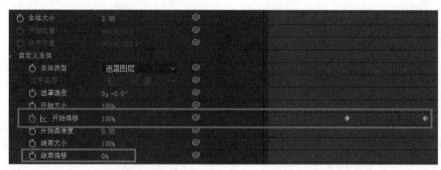

图8-117

12 → 选择"描边光线"图层，单击"切换开关/模式"，单击◙(3D图层-允许在三维中操作此图层)图标，展开"跟踪实底1"图层，按键盘上的快捷键Ctrl+C进行复制，选择"描边光线"图层，按键盘上的快捷键Ctrl+V，粘贴变换属性，如图8-118所示。

13 → 设置【位置】为319.4,-268.8,237705.7，取消【缩放】右侧的◙(约束比例)，设置【缩放】为8107.9,8110.4,3662.0%，【方向】为354.2°,357.0°,1.3°，【X轴旋转】为0x+2.0°，【Y轴旋转】为0x+3.0°，【Z轴旋转】为0x-1.0°，如图8-119所示，播放测试追踪效果。

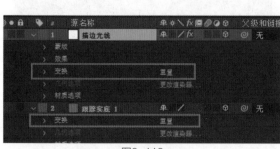

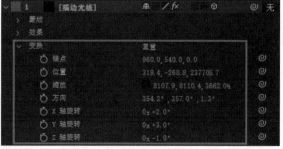

图8-118　　　　　　　　　　　　　　　图8-119

14 → 选择"描边光线"，展开【蒙版】>【蒙版路径】,将【当前时间指示器】拖曳至0:00:02:00处，单击◙(时间变化秒表)，定义关键帧，设置【蒙版形状】为"顶部：263像素，左侧：580像素，底部：683像素，右侧：1201像素"，如图8-120所示。

15 → 用同样的方法，将【当前时间指示器】拖曳至0:00:02:09处，设置【蒙版形状】为"顶部：263像素，左侧：587.9像素，底部：694.4像素，右侧：1197像素"；将【当前时间指示器】拖曳至0:00:02:18处，设置【蒙版形状】为"顶部：262.9像素，左侧：591.8像素，底部：704像素，右侧：1200.5像素"；将【当前时间指示器】拖曳至0:00:03:12处，设置【蒙版形状】为"顶部：262.9像素，左侧：583.4像素，底部：683.6像素，右侧：1194.2像素"；将【当前时间指示器】拖曳至0:00:04:02处，设置【蒙版形状】为"顶部：247.5像素，左侧：570.2像素，底部：675像素，右侧：1202.8像素"；将【当前时间指示器】拖曳至0:00:04:10处，设置【蒙版形状】为"顶部：274.9像素，左侧：539像素，底部：663.6像素，右侧：1196.4像素"；将【当前时间指示器】拖曳至0:00:04:21处，设置【蒙版形状】为"顶部：274.9像素，左侧：522.9像素，底部：663.6像素，右侧：1208.6像素"；将【当前时间指示器】拖曳至0:00:04:29处，设置【蒙版形状】为"顶部：272.1像素，左侧：546.5像素，底部：670.6像素，右侧：1202.1像素"；将【当前时间指示器】拖曳至0:00:05:07处，设置【蒙版形状】为"顶部：274.9像素，左侧：589像素，底部：677.6像素，右侧：1200.1像素"；将【当前时间指示器】拖曳至0:00:05:21处，设置【蒙版形状】为"顶部：274.9像素，左侧：608.1像素，底部：677.6像素，右侧：1190.6像素"；将【当前时间指示器】拖曳至0:00:06:07处，设置【蒙版形状】为"顶部：262.5像素，左侧：558.9像素，底部：677.6像素，右侧：1202.7像素"。

16 → 将【当前时间指示器】拖曳至0:00:06:29处，设置【蒙版形状】为"顶部：279像素，左侧：579.6像素，底部：673.9，右侧：1187.8像素"，如图8-121所示。

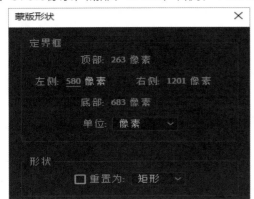

图8-120

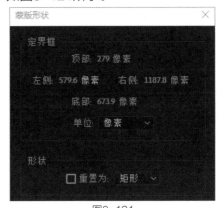

图8-121

17 → 单击■(矩形工具)，在合成窗口创建矩形，重命名为"背景2"，选择"背景2"，设置【内容】>【矩形1】>【填充1】>【颜色】为R:77,G:165,B:255，【不透明度】为8%，如图8-122所示。

18 → 设置【内容】>【描边1】>【合成】>【颜色】为R:255,G:255,B:25"，【不透明度】为100%，【描边宽度】为1.3，【线段端点】为"圆头端点"，【线段连接】为"圆角连接"，单击【虚线】右侧的■(加号)，设置【虚线】为34.0，如图8-123所示。

19 → 将【当前时间指示器】拖曳至0:00:00:00处，设置【偏移】为0.0；将【当前时间指示器】拖曳至0:00:06:29处，设置【偏移】为1069。单击工具栏■(文本工具)，在合成窗口中输入"南院科技风"，设置字体为"思源黑体 CN"，■(字体大小)为84像素，调节文字到合适的位置，如图8-124所示。

20 → 选择"背景2"和"T 南院科技风"图层，执行【图层】>【预合成】命令，设置【新合成名称】为"卡片字"，如图8-125所示。

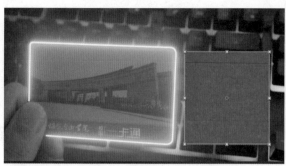

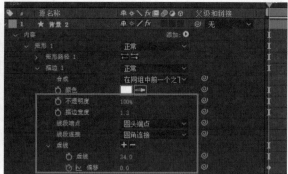

图8-122　　　　　　　　　　　　　图8-123

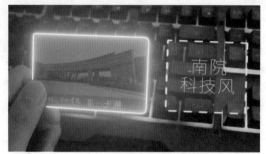

图8-124　　　　　　　　　　　　　图8-125

提示

　　动画虚线框与字体调整的原则：动画虚线框与字体可根据设计师的需求进行位置调整，没有限制。

㉑ → 选择【卡片字】，单击"切换开关/模式"，开启🔲(3D图层-允许在三维中操作此图层)，展开"跟踪实底1"变换，按键盘上的快捷键Ctrl+C进行复制，选择"卡片字"图层，按键盘上的快捷键Ctrl+V粘贴变换属性，设置【锚点】为960,540.0,0.0，【位置】为6929.6，-4873.0,237506.5，取消【缩放】右侧的🔗(约束比例)，设置【缩放】为5230.9,6214.4,3662.0%，设置【方向】为0.2°,357.1°,1.3°，设置【X轴旋转】为0x+2.0°，【Y轴旋转】为0x+3.0°，【Z轴旋转】为0x+1.0°，如图8-126所示，播放测试效果。

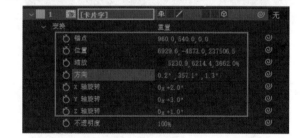

图8-126

㉒ → 选择"卡片字"，将【当前时间指示器】拖曳至0:00:02:00处，单击🔲(时间变化秒表)，定义关键帧，设置【变换】>【位置】为6929.6,-4873.0,237506.5，【方向】为0.2°,357.1°,1.3°；将【当前时间指示器】拖曳至0:00:04:00处，设置【方向】为6.2°,15.1°,1.3°；将【当前时间指示器】拖曳至0:00:04:16处，设置【位置】为6917.5，-5663.3,232659.7，【方向】为15.5°,12.9°,354.9°；将【当前时间指示器】拖曳至0:00:05:05处，设置【方向】为349.2°,4.1°,358.3°；将【当前时间指示器】拖曳至0:00:05:24处，设置【位置】为6011.4,-6051.0,230235.5；将【当前时间指示器】拖曳至0:00:06:06处，设

置【方向】为349.2°,4.1°,1.3°，如图8-127所示。

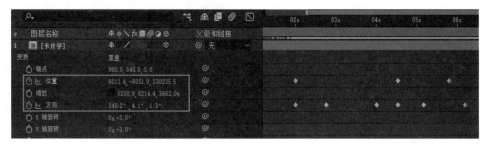

图8-127

23 → 选择"卡片字"，按键盘上的快捷键T，将【当前时间指示器】拖曳至0:00:01:10处，单击 (时间变化秒表)，定义关键帧，设置【不透明度】为0%；将【当前时间指示器】拖曳至0:00:01:13，设置【不透明度】为100%，如图8-128所示。

2. 效果制作

01 → 双击【项目】面板的空白处，在弹出的【导入文件】对话框中导入"8.4校园风光2"作为素材，将其拖曳至 (新建合成)图标上，如图8-129所示。

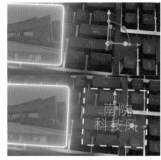

图8-128

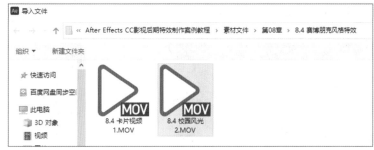

图8-129

02 → 执行【效果】>【色彩校正】>【Lumetri颜色】命令，设置【色温】为-92.0，【色调】为108.0，【曝光度】为-1.8，【对比度】为-14.0，【阴影】为-33.0，如图8-130所示。

03 → 选择"8.4校园风光2"，单击鼠标右键选择【跟踪和稳定】>【跟踪摄像机】命令，打开【效果控件】面板，展开【3D摄像机跟踪器】>【高级】，勾选【详细分析】复选框，如图8-131所示。

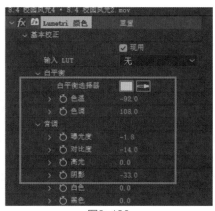

图8-130

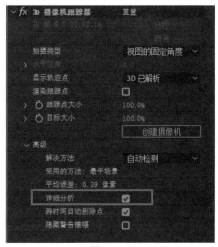

图8-131

04 → 查看画面效果，如图8-132所示。

05 → 分析完成后，选择合适的跟踪点，鼠标右键选择【创建实底和摄像机】命令，在【时间线】面板中生成"跟踪实底1"，重命名为"跟踪字母"，设置【位置】为-2875.8,1458.0,3233.3，【缩放】为100.0,100.0,100.0。双击【项目】面板空白处，将"字母素材"导入并拖曳

图8-132

至【时间线】面板，开启 (3D图层-允许在三维中操作此图层)，选择【跟踪字母】>【变换】，按键盘上的快捷键Ctrl+C复制，选择"字母素材"图层，按键盘上的快捷键Ctrl+V粘贴，设置【位置】为-2666.8,1167.5,2921.0，【缩放】为116.0,116.0,116.0，【方向】为16.0°,332.9°,10.7°，设置【图层模式】为"屏幕"，单击 (视频-隐藏来自合成的视频)，隐藏图层，如图8-133所示。

06 → 再次选择合适的跟踪点，鼠标右键选择【创建实底】命令，在【时间线】面板中生成"跟踪实底1"图层，重命名为"跟踪招财猫"，如图8-134所示。

图8-133

图8-134

07 → 选择"跟踪招财猫"图层，设置【变换】>【位置】为4705.3,2109.2,3229.3，【方向】为279.1°,13.2°,102.8°，将"招财猫素材"图层拖曳至【时间线】面板，开启 (3D图层-允许在三维中操作此图层)，选择【跟踪招财猫】>【变换】，按键盘上的快捷键Ctrl+C复制，选择"招财猫素材"，按键盘上的快捷键Ctrl+V粘贴，设置【招财猫素材】>【位置】为4390.2,1664.2,2982.1，【缩放】为187.0,187.0,187.0，【方向】为24.6°,12.5°,346.5°，设置【图层模式】为"屏幕"，单击 (视频-隐藏来自合成的视频)，隐藏图层，如图8-135所示。

08 → 重复上面的操作，将"网飞招牌""水母""苹果""交通1""交通2""箭头""花朵""熊猫""光线"等素材，全部放进合成窗口，效果如图8-136所示。

图8-135

图8-136

将不同视频跟踪素材导入后，按照上面的方法进行一一对位调整，以达到满意的效果。

09 → 制作主体建筑描边光效。选择"8.4校园风光2"图层中合适的跟踪点，单击鼠标右键选择【创建实底】命令，在【时间线】面板中生成"跟踪实底1"图层，重命名为"跟踪主楼1"，选择 "跟踪主楼1"图层，设置【变换】>【方向】为21.9°,357.1°,0.9°，执行【图层】>【新建】>【纯色】命令，设置【名称】为"主楼描边光线1"，将其移动至"8.4校园风光2"图层上方，开启 (3D图层-允许在三维中操作此图层)，设置【图层模式】为"屏幕"，选择

"跟踪主楼1"图层，复制【变换】，再次选择"主楼描边光线1"图层，进行粘贴，设置【变换】>【位置】为-39.1,-4487.9,12836.2，单击取消 (约束比例)，设置【缩放】为2295.0,1326.0,1326.0%，设置【方向】为358.7°,357.0°,0.5°，如图8-137所示。

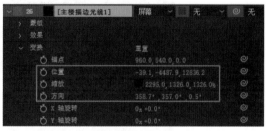

图8-137

10 → 选择"主楼描边光线1"图层，单击工具栏上的 (钢笔工具)，绘制主楼外轮廓，绘制完成后，执行【效果】>【Video Copilot>Saber(描边光线)】命令，在【效果控件】面板中，设置Saber(描边光线)>【自定义主体】>【主体类型】为"遮罩图层"，隐藏"跟踪主楼1"图层，选择"主楼描边光线1"，按键盘上的快捷键Ctrl+D，复制新图层，重命名为"主楼描边光线2"，展开【主楼描边光线2】>【蒙版】>【蒙版1】，删除"蒙版1"，单击工具栏上的 (钢笔工具)，绘制主楼的第二条描边光线。选择【主楼描边光线2】>【蒙版1】>【蒙版路径】，将【当前时间指示器】拖曳至0:01:03:00处，单击 (时间变化秒表)，定义关键帧，将【当前时间指示器】拖曳至0:01:05:15处，单击工具栏上的 (钢笔工具)，调整路径的位置。选择【主楼描边光线1】>【蒙版1】>【蒙版路径】，将【当前时间指示器】拖曳至0:01:03:00处，单击 (时间变化秒表)，定义关键帧，将【当前时间指示器】拖曳至0:01:05:15处，单击工具栏上的 (钢笔工具)，调整路径的位置。

调整蒙版外形的时候，单击工具栏上的 (钢笔工具)，按键盘上的快捷键Shift，进行调整。

11 → 选择"主楼描边光线1"图层，展开【效果】>【Saber(描边光线)】>【自定义主体】，将【当前时间指示器】拖曳至0:01:02:20处，设置【结束偏移】为0%，【开始偏移】为0%；将【当前时间指示器】拖曳至0:01:03:12处，设置【开始偏移】为100%。选择"主楼描边光线2"图层，展开【效果】>【Saber(描边光线)】>【自定义主体】，将【当前时间指示器】拖曳至0:01:02:23处，设置【结束偏移】为0%，【开始偏移】为0%；将【当前时间指示器】拖曳至0:01:03:12处，设置【开始偏移】为100%，效果如图8-138所示。

图8-138

3. 最终合成

01 → 分别将【项目】面板中的"8.4卡片视频1""8.4校园风光2"拖曳至▣(新建合成)图标上，重命名为"最终合成"，将【持续时间】更改为0:00:09:13，将两段素材前后移动对位。选择"8.4卡片视频1"，将【当前时间指示器】拖曳至0:00:06:13处，按键盘上的快捷键Ctrl+Shift+D，分割视频，重命名为"转场"，选择"转场"，执行【效果】>【过渡】>【渐变擦除】命令。将【当前时间指示器】拖曳至0:00:06:13处，设置【过渡完成】为0%，【过渡柔和度】为27%；将【当前时间指示器】拖曳至0:00:07:00处，设置【过渡完成】为100%，如图8-139所示。

图8-139

02 → 添加完转场后，案例的最终效果，如图8-140所示。

图8-140

技术总结

通过本案例，相信读者已经对在After Effects 2022软件中制作"赛博朋克"效果有了一定的了解，实拍视频素材与3D跟踪摄像机命令的结合使用、外置Saber(描边光线)插件的应用、图层视频剪辑转场的添加等是本案例的重要知识点。